国家出版基金项目
NATIONAL PUBLICATION FOUNDATION

"十二五"国家重点图书出版规划项目

风力发电工程技术丛书

海上风电场
防腐工程

马爱斌　江静华　等　编著

U0284046

中国水利水电出版社
www.waterpub.com.cn

内 容 提 要

本书是《风力发电工程技术丛书》之一，详细介绍了海上风电场运行环境的腐蚀特点、防护措施及相关标准，综合了作者近 10 年来在海洋工程结构腐蚀与防护方面的研究。全书共分 8 章，分别介绍了绪论、海洋环境中的腐蚀与防护、海上风电场的涂装防护与防腐涂料、海上风机塔架的腐蚀与防护、海上风机基础的腐蚀与防护、海上风机其他关键部件的腐蚀与防护、海上风电场的维修保养及防腐案例、海上风电场防腐系统的发展及展望等内容。

本书可供从事风力发电技术领域科研、设计、施工及运行管理的工程技术人员阅读参考，也可作为高等院校相关专业师生的教学参考书。

图书在版编目（CIP）数据

海上风电场防腐工程 / 马爱斌等编著. -- 北京：
中国水利水电出版社，2015.8
（风力发电工程技术丛书）
ISBN 978-7-5170-3553-4

Ⅰ. ①海… Ⅱ. ①马… Ⅲ. ①海上－风力发电－发电
厂－电厂设备防腐 Ⅳ. ①TM62

中国版本图书馆CIP数据核字(2015)第201957号

书　　名	风力发电工程技术丛书 **海上风电场防腐工程**
作　　者	马爱斌　江静华　等 编著
出版发行	中国水利水电出版社 （北京市海淀区玉渊潭南路 1 号 D 座　100038） 网址：www.waterpub.com.cn E-mail：sales@waterpub.com.cn 电话：（010）68367658（发行部）
经　　售	北京科水图书销售中心（零售） 电话：（010）88383994、63202643、68545874 全国各地新华书店和相关出版物销售网点
排　　版	中国水利水电出版社微机排版中心
印　　刷	北京纪元彩艺印刷有限公司
规　　格	184mm×260mm　16 开本　10.75 印张　255 千字
版　　次	2015 年 8 月第 1 版　2015 年 8 月第 1 次印刷
印　　数	0001—3000 册
定　　价	**42.00 元**

《风力发电工程技术丛书》
编　委　会

主要参编单位 （排名不分先后）

河海大学

中国长江三峡集团公司

中国水利水电出版社

水资源高效利用与工程安全国家工程研究中心

华北电力大学

水电水利规划设计总院

水利部水利水电规划设计总院

中国能源建设集团有限公司

上海勘测设计研究院

中国电建集团华东勘测设计研究院有限公司

中国电建集团西北勘测设计研究院有限公司

中国电建集团中南勘测设计研究院有限公司

中国电建集团北京勘测设计研究院有限公司

中国电建集团昆明勘测设计研究院有限公司

长江勘测规划设计研究院

中水珠江规划勘测设计有限公司

内蒙古电力勘测设计院

新疆金风科技股份有限公司

华锐风电科技股份有限公司

中国水利水电第七工程局有限公司

中国能源建设集团广东省电力设计研究院有限公司

中国能源建设集团安徽省电力设计院有限公司

同济大学

华南理工大学

丛书总策划 李　莉

编委会办公室

主　　　任　　胡昌支　陈东明

副　主　任　　王春学　李　莉

成　　　员　　殷海军　丁　琪　高丽霄　王　梅　邹　昱

张秀娟　汤何美子　王　惠

本 书 编 委 会

主　　编　马爱斌　江静华

副 主 编　罗金平　林毅峰　张　芹

参编人员　宋　丹　陈建清　张留艳　倪世展　胡中芸　邱　超

　　　　　　郭光辉　庄丽娟　杨东辉

参编单位　河海大学

　　　　　　中国水电顾问集团华东勘测设计研究院有限公司

　　　　　　上海勘测设计研究院

　　　　　　华锐风电科技（集团）股份有限公司

前　言

　　当前，世界海上风电技术日趋成熟，我国海上风电发展的帷幕也正式拉开。中国拥有十分丰富的近海风能资源，开发海上风能资源将有效改善东部沿海经济发达地区的能源供应情况。因此，开发海上风电已经成为我国能源战略的一个重要内容。

　　我国尚缺乏海上风电场建设经验，海上风能资源测量与评估以及海上风电机组国产化刚刚起步，海上风电建设技术规范体系也亟须建立。其中，海上风电防腐技术相关标准的匮乏就是一个严重问题。由于海水含盐分比较高，对设备腐蚀相当严重。而风电机组不同于海上钻井平台，受到腐蚀时可以随时修补，海上风电机组由于其特殊的地理环境和技术要求，需要分部分、有针对性地进行防腐，且维修费用极高，这些技术上的困难只能在实践中解决。从单项的防腐技术来看，我国的研发水平与国际水平是基本同步的，目前所欠缺的是技术的整合，即如何把各种防腐技术整合到海上风电机组上。

　　为让更多的风电科技工作者、管理者了解海上风机防腐的重要性，普及海洋构筑物防腐知识，针对海上风电机组防腐的复杂性，尽量合理地选择防腐技术，减少腐蚀造成的损失，编者查阅、收集了大量国内外资料，总结了多年从事教学、科研和生产的经验，遵循科学性、先进性和实用性的原则，编写了本书。

　　当前国内外防腐技术的发展日新月异，本书仅围绕适用于海上风电机组防腐的特殊要求，就国内外应用较广泛、发展较成熟的技术加以介绍，并侧重于技术的性能特点、工艺过程、施工过程及其实际应用。本书部分内容为作者及同事多年科研与实际工作的经验总结。

本书由马爱斌组织编撰，由河海大学江静华、宋丹、陈建清、张留艳等共同编写完成，倪世展、胡中芸、邱超、郭光辉、庄丽娟等协助了数据、资料整理等工作，杨东辉参与了部分修图工作。本书在编著过程中，得到中国水电顾问集团华东勘测设计研究院罗金平、上海勘测设计研究院林毅峰和华锐风电科技（集团）股份有限公司张芹等提供的宝贵资料，引用了参考文献中的相关内容，并得到可再生能源界许多同仁的大力支持和帮助，在此谨向他们表示谢忱。

由于目前国内对于海上风电机组的腐蚀防护并无相关标准或规定，编写人员水平有限，问题和缺点在所难免，请广大读者提出宝贵意见。

编者

2015 年 6 月

目　录

前言

第1章　绪论 ··· 1

1.1　海上风电的意义 ·· 1

1.2　海上风电发展现状 ··· 2

1.2.1　世界发展现状 ··· 2

1.2.2　我国发展现状 ··· 4

1.3　海上风电场的构成 ··· 5

1.3.1　叶片 ·· 6

1.3.2　机舱/轮毂 ··· 10

1.3.3　塔架 ·· 10

1.3.4　基础 ·· 11

1.3.5　海底电缆及电力传输设备 ··· 13

1.4　海上风电行业所面临的挑战 ·· 13

1.5　海上风电场的腐蚀与防护 ··· 14

1.5.1　海上风电场面临的腐蚀问题 ·· 14

1.5.2　海上风电场防腐的重要性 ··· 15

参考文献 ··· 16

第2章　海洋环境中的腐蚀与防护 ··· 17

2.1　海洋环境不同区带的腐蚀特征 ··· 17

2.1.1　海洋大气区的腐蚀 ··· 18

2.1.2　浪溅区的腐蚀 ··· 18

2.1.3　潮汐区的腐蚀 ··· 18

2.1.4　全浸区的腐蚀 ··· 19

2.1.5　海泥区的腐蚀 ··· 19

2.1.6　腐蚀环境的分类标准 ··· 19

2.2　海洋环境中金属的腐蚀特征 ·· 21

  2.2.1 电化学腐蚀机理 ·· 21

  2.2.2 腐蚀破坏形式 ·· 22

  2.2.3 腐蚀过程的影响因素 ······································· 23

 2.3 海洋环境中混凝土结构的破坏 ································· 24

  2.3.1 氯离子侵蚀 ··· 24

  2.3.2 碳化作用 ··· 26

  2.3.3 冻融破坏 ··· 29

 2.4 海洋环境中金属材料的防护措施 ······························· 30

  2.4.1 涂层法 ··· 30

  2.4.2 镀层法 ··· 30

  2.4.3 阴极保护法 ··· 31

  2.4.4 预留腐蚀余量法 ··· 31

  2.4.5 选用耐腐蚀的材料 ··· 31

 2.5 海洋环境中钢筋混凝土结构的防腐方法 ························· 31

  2.5.1 环氧涂层钢筋 ··· 32

  2.5.2 钢筋阻锈剂 ··· 32

  2.5.3 阴极保护 ··· 32

  2.5.4 混凝土表面涂层防护 ······································· 33

 参考文献 ·· 35

第3章 海上风电场的涂装防护与防腐涂料 ························· 37

 3.1 防腐涂料的选择依据 ··· 37

 3.2 涂层防腐性能的影响因素 ····································· 37

  3.2.1 水、氧和离子对漆膜的透过速度的影响 ······················· 37

  3.2.2 涂料成膜物质的影响 ······································· 38

  3.2.3 颜料的影响 ··· 38

 3.3 涂装工艺 ··· 38

  3.3.1 前处理 ··· 38

  3.3.2 涂覆工艺 ··· 39

 3.4 电弧喷涂技术及其应用 ······································· 39

  3.4.1 电弧喷涂的技术优势 ······································· 40

  3.4.2 电弧喷涂的原理及特点 ····································· 40

  3.4.3 电弧喷涂的应用 ··· 41

 3.5 重防腐涂料涂装技术 ··· 42

  3.5.1 重防腐涂料的特点 ··· 42

  3.5.2 重防腐涂料防护机理 ······································· 43

  3.5.3 重防腐涂料的种类 ··· 44

  3.5.4 重防腐涂料失效原理 ······································· 47

3.6　海上风电机组防腐涂料的开发重点 ·············· 47

　参考文献 ······························· 48

第4章　海上风机塔架的腐蚀与防护 ············· 50

4.1　风机塔架的腐蚀 ······················ 50

4.2　风机塔架防腐涂料体系设计 ················ 51

　4.2.1　设计标准 ························ 51

　4.2.2　防腐涂料选择原则 ··················· 51

　4.2.3　防腐涂装方案 ····················· 51

4.3　风机塔架防腐涂料研究现状 ················ 54

　4.3.1　富锌涂料 ························ 54

　4.3.2　聚氨酯涂料 ······················ 54

　4.3.3　其他涂料 ························ 55

4.4　风机钢质塔筒的防腐复合涂装方案 ············· 55

　4.4.1　金属底漆基本性能 ··················· 56

　4.4.2　金属底漆形貌 ····················· 58

　4.4.3　金属底漆的电化学特性 ················· 60

　4.4.4　复合涂层的配套性和耐蚀性研究 ············· 61

　参考文献 ······························· 63

第5章　海上风机基础的腐蚀与防护 ············· 65

5.1　风机基础的主要型式 ···················· 65

5.2　风机基础的选择 ······················ 66

　5.2.1　成本 ·························· 66

　5.2.2　水深 ·························· 66

　5.2.3　地质、海床条件 ···················· 66

　5.2.4　安装方式 ························ 67

5.3　风机基础的适用性分析 ··················· 67

　5.3.1　我国沿海水域地质条件 ················· 67

　5.3.2　海上安装能力 ····················· 68

5.4　风机基础钢筋混凝土的腐蚀防护 ·············· 68

　5.4.1　沿海地区钢筋混凝土结构腐蚀机理 ············ 68

　5.4.2　海上风机基础钢筋混凝土防腐措施 ············ 69

　5.4.3　海上风机基础钢结构腐蚀防护 ·············· 72

　5.4.4　防腐设计方案 ····················· 73

　参考文献 ······························· 74

第6章　海上风机其他关键部件的腐蚀与防护 ········· 76

6.1　机舱/轮毂的腐蚀与防护 ·················· 76

　6.1.1　机舱/轮毂的工作环境 ················· 76

　　　6.1.2　机舱/轮毂常用防腐方法 ················· 77

　　　6.1.3　机舱/轮毂防腐设计 ···················· 79

　　6.2　电气部分的腐蚀与防护 ······················ 82

　　　6.2.1　发电机定子的防腐 ···················· 82

　　　6.2.2　变压器的防腐 ······················· 84

　　6.3　叶片的防腐 ··························· 85

　　　6.3.1　叶片保护涂层要求 ···················· 85

　　　6.3.2　叶片保护涂层体系 ···················· 86

　　　6.3.3　叶片防腐措施 ······················· 89

　　参考文献 ······························· 91

第7章　海上风电场的维修保养及防腐案例 ··············· 93

　　7.1　丹麦 Horns Rev 海上风电场 ·················· 94

　　　7.1.1　建设过程 ·························· 94

　　　7.1.2　故障分析 ·························· 94

　　7.2　英国 North Hoyle 海上风电场 ················· 94

　　　7.2.1　运行概况 ·························· 95

　　　7.2.2　实际运营的教训 ······················ 95

　　7.3　东海大桥海上风电场防腐方案分析 ················ 95

　　　7.3.1　工程概况 ·························· 95

　　　7.3.2　风机基础防腐方案 ···················· 96

　　　7.3.3　钢管桩防腐方案 ······················ 97

　　　7.3.4　机组防腐方案 ······················· 99

　　　7.3.5　部件的防腐措施 ······················ 100

　　　7.3.6　参考标准 ·························· 101

　　7.4　东海大桥风电二期钢管桩防腐方案分析 ············· 102

　　　7.4.1　背景介绍 ·························· 102

　　　7.4.2　玻璃纤维复合包覆技术方案 ················ 103

　　　7.4.3　包覆工程应用 ······················· 106

　　　7.4.4　包覆层的耐候性研究 ··················· 108

　　　7.4.5　玻璃纤维增强复合包覆层抵抗氯离子侵蚀的特性研究 ··· 111

　　　7.4.6　玻璃纤维增强复合包覆层的寿命推算 ·········· 112

　　7.5　SL3000 风机塔架与基础的防腐涂漆技术 ············ 114

　　　7.5.1　防腐涂层质量控制 ···················· 114

　　　7.5.2　涂漆前表面准备 ······················ 116

　　　7.5.3　防腐涂层系统 ······················· 116

　　　7.5.4　运输、搬运和存储 ···················· 117

　　7.6　如东海上示范风电场风机基础防腐方案分析 ·········· 118

7.6.1 项目背景 ·· 118

7.6.2 防腐方案 ·· 118

7.6.3 阴极保护方法分析 ································ 119

参考文献 ··· 120

第8章 海上风电场防腐系统的发展及展望 ············ 121

8.1 防腐涂料系统的发展 ································ 121

8.1.1 防腐涂料的应用现状及问题 ·················· 121

8.1.2 海洋防腐涂料研发重点 ························· 122

8.1.3 新型 ECO - ZA 系列重防腐涂料 ·············· 124

8.2 耐蚀高强海洋工程用钢的研发 ·················· 128

8.2.1 海洋工程用钢发展现状及趋势 ················ 128

8.2.2 新型高强耐磨铸钢（NMZ1） ················· 129

8.3 海上风电场防腐的展望 ····························· 131

参考文献 ··· 131

附录一 部分有关防腐的国际、国家、行业标准 ············· 133

附录二 海上风电场钢结构防腐蚀技术标准 ················· 135

第1章 绪　　论

1.1　海上风电的意义

根据联合国气候变化政府间委员会发布的气候变化评估报告，人类活动是过去半个世纪气候变暖的主因（这种可能性超过 90%）。气候变化的罪魁祸首就是人类燃烧化石能源释放的以 CO_2 为代表的温室气体。风能作为一种可再生能源，能够在提供能源的同时，减少 CO_2 的排放。根据世界能源委员会的计算，每提供 100 万 kW·h 的电量，使用风电可以减少 600t CO_2 的排放。大规模地使用风电，将有利于减缓气候变化。同时，使用风电还可以减少传统能源的使用，缓解燃煤等带来的区域性环境问题。国家发展和改革委员会发布的数据表明，因燃煤造成的 SO_2 和烟尘排放量占我国排放总量的 70%～80%，SO_2 排放形成的酸雨面积已占国土面积的 1/3。环境污染给我国社会经济发展和人民健康带来了严重影响。世界银行估计到 2020 年我国由于空气污染造成的环境和健康损失将达到 GDP 总量的 13%。

在常规能源告急和全球生态环境恶化的双重压力下，风能作为一种可再生的清洁能源正日益得到世界各国政府的重视并得到了快速的发展。美国早在 1974 年就开始实行联邦风能计划，丹麦在 1978 年即建成日德兰风力发电站，瑞士 1990 年风电装机容量已达 350MW，亚洲的风电也保持了较快的发展势头。图 1-1 显示出近年来我国风电装机规模的增长情况。1997—2006 年，世界风电装机规模增长了近 9 倍，有 5 个国家新增装机容

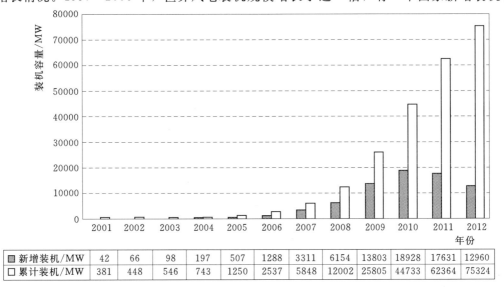

	2001	2002	2003	2004	2005	2006	2007	2008	2009	2010	2011	2012
▨ 新增装机/MW	42	66	98	197	507	1288	3311	6154	13803	18928	17631	12960
□ 累计装机/MW	381	448	546	743	1250	2537	5848	12002	25805	44733	62364	75324

图 1-1　我国风电装机规模增长情况（数据来源：中国风电协会 CWEA）

量超过 1000MW，我国在新增装机容量方面居世界第五位。在累计装机容量方面，我国居世界第六位，但是与德国、西班牙、美国等发达国家相比差距明显，与同为发展中国家的印度相比也较为落后。2006 年全球风电新增装机容量达 14900MW，同比增长 25%。到 2008 年末全球累计装机容量达到了 120.8GW，增长幅度为 28.8%。从近年来我国风电发展形势判断，原来设定的 2010 年风电装机容量 500 万 kW 的目标到 2008 年年底已经实现，即提前两年完成，2020 年实现装机容量 3000 万 kW 目标的实现前景良好。长期目标是经过 10～15 年的准备，在 2020 年前后风电能够与其他常规能源发电技术相竞争，成为火电、水电之后的第三大常规发电电源，至少达到装机容量 3000 万 kW，积极创造条件实现 1 亿 kW，届时占总发电装机容量的 8%～10%，2040 年或 2050 年实现 5 亿 kW 乃至 8 亿 kW，在发电装机和发电量中占据 20% 以上。我国在 2050 年的风电装机预计可以达到 4 亿～6 亿 kW，届时风电将成为继火电、水电之后的第三大发电电源。

我国海上具有丰富的风能资源，有数据显示，近海 10m 水深的风能资源约 1 亿 kW，近海 20m 水深的风能资源约 3 亿 kW，近海 30m 水深的风能资源约 4.9 亿 kW。尽管海上风电一直都是关注的焦点，但时至今日海上风电占全球装机容量的比例仍很低（2011 年的装机容量为 1000MW，约占年度市场的 2.5%），到 2020 年，即便是根据最为乐观的预期，海上风电占全球的装机容量不超过 10%。不过，海上风电作为未来可再生能源的重要发展方向，的确具有诸多优势：①资源丰富、风速稳定，平均风速多在 8m/s 以上，比平原高 20%，发电量可增加 70%；②节省土地资源，人类生活和环境方面的负面影响较少；③大型海上风电场普遍离海岸 20km 以上，可开发海域大，适合大规模开发；④海上风电可以允许的风电机组的容量更大，组件运输相对方便，单位造价有优势；⑤海上风湍流强度小，具有稳定的主导风向，机组承受的疲劳负荷较低，风机寿命延长。因此，世界各国出台了各种利好政策，海上风电迅速成为世界上发展最快的绿色能源技术，在世界各国掀起了建设高潮。欧洲风能协会的目标是到 2020 年实现海上风电场占现有风电总装机容量的 39%，总容量达到 70GW。在中国，发展海上风电也已成为能源战略的一个重要内容。

1.2 海上风电发展现状

1.2.1 世界发展现状

目前，世界上超过 90% 的海上风电分布在北欧沿岸，如北海、波罗的海、爱尔兰海以及英吉利海峡。还有两个试验项目分布在中国的东海沿岸。海上风电是欧洲实现从可再生能源获取 20% 最终能耗这一既定目标的主要组成部分。我国则制定了到 2020 年要在沿海海岸装机 30GW 的目标。海上风电是一项激动人心的新科技，与此同时也是一项新业务。世界各国政府以及来自日本、韩国、美国、加拿大、印度的企业都对此表现出极大的兴致。到 2020 年，除北欧和我国之外，对海上风电的开发可能会有一个更加美好的长期展望。

2012 年全球风能协会（GWEC）发布的全球风电市场报告显示，2011 年共有 235 台涡轮机组在欧洲 9 个风电场实现了并网,总容量达 866.4MW,为欧洲累计输送了 3813MW 的海上风电,其中,87%的新增容量来自英国海域。德国安装了 108MW,随后是丹麦 3.6MW 以及葡萄牙 2MW 的实体漂浮式风电机组原型,另有两个低端漂浮式风电机组原型在挪威和瑞典进行了试验。

表 1-1 2011 年世界海上风电新增及累计装机容量　　　　　　　　　　单位:MW

国家	2011 年新增	累计	国家	2011 年新增	累计
比利时	0	195.0	挪威	0	2.3
丹麦	3.6	857.28	葡萄牙	2.0	2.0
芬兰	0	26.3	瑞典	0	163.7
德国	108.03	200.3	英国	752.4	2093.7
爱尔兰	0	25.2	中国	99.3	258.4
荷兰	0	246.8	日本	0	25.0

注　2011 年全球海上风电装机新增容量 965.6MW,累计 4096MW。

表 1-1 给出了 2011 年世界海上风电新增及累计装机容量。英国(2093.7MW)和丹麦(857.28MW)仍然是欧洲最大的两个海上风电市场,紧随其后的是荷兰(246.8MW)、德国(200.3MW)、比利时(195.0MW)、瑞典(163.7MW)、芬兰(26.3MW)和爱尔兰(25.2MW)。挪威和葡萄牙各自拥有一个实体漂浮式涡轮机组。

目前,欧洲正在建设近 6000MW 装机容量的海上风电。有 17MW 的装机容量建设已经获批,另有 114MW 的扩充计划。预期在未来 10 年欧洲的海上风电装机容量将增加 10 倍。欧洲风能协会(EWEA)估计到 2020 年 60000MW 的海上风电每年可供电 148TW·h,足以满足超过欧洲电量总需求的 4%,可减少 CO_2 排放 8700 万 t。在整机制造方面,西门子(Siemens)是 2011 年海上风电市场的最大供应商,包揽了近 693MW 的并网容量,紧随其后的是瑞能(Repower)(111.7MW)和巴德(BARD)(60MW)。维斯塔斯(Vestas)在葡萄牙接通了 2MW 的浮式海上风电机组。

英国拥有全球最大的海上风电装机容量,超过 200 万 kW,已经占电力总量的 2%。还将在 2016 年之前设置 600 万 kW,在 2020 年之前设置 1000 万 kW,在 10 年时间内,海上风力发电将占电力总量的 17%~20%。根据该国 2011 年制定的可再生能源发展蓝图,在 2020 年之前,将使可再生能源达到能源总量的 15%,作为主角的海上风电达到 1800 万 kW。根据剑桥大学推算,相关产业的就业人数将达到 3100 人,共产生 4.7 万个直接及间接就业岗位。

丹麦的海上风电装机容量为 86 万 kW,仅次于英国,并且还将继续进行高水平投资。2012 年将建成 40 万 kW 的"Anholt 发电站"以及"Frederikshavn 发电站"(规模未公布)。并且,预计在 2020 年之前建成"KriegersFlak"(60 万 kW)以及"HornsReef"(60 万 kW)等。该国是先由国家进行事前调查,然后进行开发水域招投标,规定供电公司(Transmission System Operator,TSO)负责铺设相关电缆。虽然在较远的海域开展业务的成本会上升,但预计随着技术的进步以及新一代产品工业化的实现,成本有望得到降低。力争在 2020 年之前开发的下一轮招投标中,使成本削减 50%。

德国截至 2011 年年底的海上风电装机容量为 20 万 kW，但目前有 200 万 kW 正在进行建设，预计 2012 年追加 20 万 kW。另外，目前已经有 25 项业务从联邦港湾管理部门及州政府获得了许可，总输出高达 850 万 kW。该国的陆地输电线建设成本也由 TSO 负责，目前已经建成 3 条 40 万 kW 的直流高压线。虽然海底电缆的建设较为迟缓，但目前已确定了政策方案，将为随之产生的 TSO 及开发运营商的负担提供补贴。德国已将海上风电定位为在 2022 年之前实现去核，使可再生能源成为主要电源的"能源改革"的主角。将在 2030 年之前开发 25000MW，其中，在 2020 年之前开发 10000MW。

按累计安装的海上风电容量计算，西门子（53%）和维斯塔斯（36%）占据了欧洲绝大部分的市场份额，瑞能（5%）位居其后。

1.2.2 我国发展现状

我国开发海上风电具有更大的优势和动力。我国拥有海岸线总长约 3.2 万 km，其中大陆海岸线长为 1.8 万 km，岛屿海岸线长为 1.4 万 km，辽阔的海域蕴藏着丰富的风能，同时中国沿海地区拥有最雄厚的经济发展基础和能源市场，迫切的需求促进了近海风能的开发。海上风电必然是我国实现风力发电长远目标的必然要求。2002 年我国颁布了《全国海洋功能区划》，对港口航运、渔业开发、旅游以及工程用海区等作了详细规划，如果避开上述这些区域，考虑其总量 10%～20% 的海面可以利用，风电机组的实际布置按照 5MW/km² 计算，则近海风电装机容量可达 1 亿～2 亿 kW。随着海上风电场技术发展成熟、经济上可行，海上风电必然会成为重要的可持续能源。随着国家有关部门对海上风电规划、建设工作部署的展开，我国海上风电发展的帷幕已正式拉开。

尽管世界海上风电技术经过 10 多年的发展已日趋成熟，并进入大规模开发阶段，但我国仍处于起步阶段。与丹麦、德国、西班牙、美国和印度等国相比，我国海上风电场建设经验缺乏，海上风电机组国产化也才刚刚起步。同时，我国自主研发力量严重不足，由于国家和企业投入的资金较少，缺乏基础研究的积累和人才，我国在风电机组的研发能力上还很薄弱，总体来说还处于跟踪和引进国外先进技术的阶段。目前国内引进的许可证，有的是国外淘汰的技术，有的图纸虽然先进，但受限于国内配套厂的技术、工艺、材料等原因，导致国产化的零部件质量、性能达不到国际水平。另外购买生产许可证技术的国内厂商要支付昂贵的技术使用费。

目前，我国近海风场的可开发风能资源是陆上实际可开发风能资源储量的 3 倍，其风能储量远高于陆上，未来发展空间巨大。

我国主要风电整机企业争先"下海"。在我国陆上风机日趋饱和的情况下，进军海上风电市场成为中国主要整机企业的共同选择。华锐风电成功获得我国第一个海上风电示范项目——上海东海大桥项目。2010 年 2 月 27 日，34 台 3MW 机组（共计 102MW）海上风电项目全部整体安装成功，并于 6 月 8 日调试完毕，并网投入运行。我国第二大风电整机企业——金风科技已于 2007 年在渤海湾中海油的钻井平台试水了海上风机的所有工序。截至 2009 年 6 月，该海上风机已累计发电 500 万 kW·h。2009 年 11 月 18 日金风科技投资 30 亿元在江苏大丰经济开发区建设海上风电产业基地项目，并计划将其建设成为国内最大、世界领先的海上风电装备制造基地。华仪电气宣布再融资 11.46 亿元，其中超过

4.6 亿元将投向 3MW 风力发电机组高技术产业化项目，用于备战海上风电；上海电气 2009 年 5 月宣布规模达 50 亿元的再融资计划，其中包括 3.6MW 海上风电机组的研发；湘电风能有限公司通过竞拍，以 1000 万欧元收购荷兰达尔文公司，并获得了该公司研究的 DD115 - 5MW 海上风机的知识产权，为进军海上风电奠定了基础；东方电气 3.6MW 海上机型正在研制中；中船重工（重庆）海上风电充分依托集团公司在海洋工程领域的基础研究和试验基地等优势，整合风电整机和配套设备的研发实力，形成全产业链，现已组织实施了 2MW 近海潮间带批量装机工程，正致力于研发近海 5MW 风电机组，并由国家科技部授牌成立了"海上风力发电工程技术研发中心"。

国家政策推动了海上风电发展，2008 年完成并发布《近海风电场工程规划报告编制办法》和《近海风电场工程预可行性研究报告编制办法》，2009 年完成并发布《海上风电场工程可行性研究报告编制办法》和《海上风电场工程施工组织设计编制规定》，印发《海上风电场工程规划工作大纲》。2010 年 1 月，国家能源局在《2010 年能源工作总体要求和任务》中称"2010 年，要继续推进大型风电基地建设，特别是海上风电要开展起来"。2010 年 1 月 22 日，国家能源局、国家海洋局联合下发《海上风电开发建设管理暂行办法》，规范海上风电建设。3 月 25 日，工业和信息化部发布《风电设备制造行业准入标准》（征求意见稿），其中明确表示，"优先发展海上风电机组产业化"。随即，国家能源局启动了中国首轮海上风电首批特许权招标，并向辽宁、河北、天津、上海、山东、江苏、浙江、福建、广东、广西、海南等 11 省（自治区、直辖市）有关部门下发通知，要求各地申报海上风电特许权招标项目。可见，国家开发海上风电的步伐正在加快。

政府大力推进海上风电项目。我国在哥本哈根全球气候变化会议上做出了两项承诺：到 2020 年非化石能源在能源消费中的比例提高达到 15%，单位 GDP 二氧化碳排放量比 2005 年减少 40%～45%。经国内外多个部门和机构分析预测，为实现非化石能源达到 15% 的目标，我国风电装机容量应达到 1.5 亿 kW。我国正希望从海上获得更多的风能，以完成这一目标。东部沿海地区的滩涂及近海具有开发风电的良好条件，其中江苏、浙江两省将成为我国海上风电的重点省份，两省近海风能资源到 2020 年规划开发容量分别为 700 万 kW 和 270 万 kW。此外，全国各地酝酿及在建的海上风电场还包括广东湛江、广东南澳、福建宁德、浙江岱山、浙江慈溪、浙江临海、山东长岛等。目前，江苏、上海的海上风电规划已经完成，待其他地方海上风电规划全部完成之后，将汇总形成全国性海上风电规划。为充分利用我国丰富的近海风能资源优势，国家能源局于 2010 年 5 月 18 日正式启动了总计 100 万 kW 的首轮海上风电招标工作，包括两个 30 万 kW 的近岸风电项目和两个 20 万 kW 的潮间带项目。

1.3 海上风电场的构成

海上风电场是建造在海洋环境中的由一批风电机组或风电机组群组成的电站。一个完整的海上风电场是由一定规模数量的单个风电机组和海底输电设备构成。单个风电机组包括叶片、机舱、塔架和基础等四个部分，如图 1 - 2 所示。风电机组的整体设计、叶片的材料和加工技术、自动化控制系统、液压和传感技术是风机制造的关键。对于海上风电机

叶片
加固塑料

机舱
发电机、变速箱、轴承、
电控和电闸的所在地

塔架
钢材

基础
钢材、混凝土或混合材料

图1-2　海上风电机组的构成

组而言，如何保证这些关键部件和仪器不被海上腐蚀环境所破坏、维持正常的工作状态是关键。迄今为止，开发商和风电设备制造商已积累了10多年的海上风电开发经验，不仅海上风电机组的产品和型号不断增多，对海上风电设备特殊运行条件的认识也不断深入。

1.3.1　叶片

风轮是将风能转换为机械能的装置，它由气动性能优异的叶片（目前商业机组一般为2～3个叶片）装在轮毂上所组成，低速转动的风轮通过传动系统由增速齿轮箱增速，将动力传递给发电机。由于风向经常变化，为了有效地利用风能，必须有迎风装置，它根据风向传感器测得的风向信号，由控制器控制偏航电机，驱动与塔架上大齿轮咬合的小齿轮转动，使机舱始终对风。通常来说，海上风电机组上安装的叶片的大小直接决定了海上风力发电机的功率大小。目前大多数叶片的长度在45～60m之间，相应的风机容量在3～5MW之间。对于叶片，不仅要在空气动力学基础上考虑其剖面的设计，发挥更大的风力效益，也要考虑它在各种风力条件下的强度问题和作为整个海上风电机组一部分的质量问题，这就需要采用合适的材料来制造叶片，目前采用的玻璃纤维增强塑料因其具有轻质和较强的刚度，因而在叶片制造中广泛使用，而伴随着叶片尺寸的加大，预计今后采用碳纤维增强塑料将成为一种趋势。

1. 叶片材料的发展

风机叶片材料的强度和刚度是决定风电机组性能优劣的关键。目前，风机叶片所用材料已由木质、帆布等发展为金属（铝合金）、玻璃纤维增强复合材料（玻璃钢、GFRP）、碳纤维增强复合材料（CFRP）等，其中新型玻璃钢叶片材料因为其重量轻、强度高、可设计性强、价格比较便宜等，成为大中型风机叶片材料的主流。然而，随着风机叶片朝着超大型化和轻量化的方向发展，玻璃钢复合材料也开始达到了其使用性能的极限，碳纤维增强复合材料逐渐应用到超大型风机叶片中。

具体而言，根据应用场合的不同，风机叶片材料的选择也会有所不同。一般较小型的叶片（如22m以下）选用量大价廉的E-玻璃纤维增强复合材料，树脂基体以不饱和聚酯为主，也可选用乙烯酯或环氧树脂；而较大型的叶片（如42m以上）一般采用CFRP或CF与GF混杂的复合材料，树脂基体以环氧树脂为主。例如，LM公司开发的应用于5MW风力发电机上的长61.5m的大型风机叶片，其质量为17.7t，在横梁和端部就使用了碳纤维增强复合材料；德国Nordex Rotor公司开发的56m长的风机叶片也采用了碳纤维，而且他们认为，当叶片尺寸大到一定程度时，由于使用碳纤维增强，玻璃纤维和树脂的用量可以减少，其综合成本可以做到不高于玻璃纤维增强复合材料。

为满足风机叶片的使用要求，目前玻璃纤维也在进行技术革新。例如，欧文斯科宁开发的 Wind Strand 新一代增强型玻璃纤维，可以在不增加叶片成本的情况下提高叶片的性能。据报道，Wind Strand 可以提高叶片的硬度和强度，使叶片具有良好的抗疲劳性能，从而提高叶片的抗风性能，增加叶片的寿命，提高叶片的能量转换率。与传统的 E-玻璃纤维相比，增强型 Wind Strand 可以使叶片的重量降低 10%，从而最终可以降低风电的成本。

风电机组工作过程中，风机叶片要承受强风载荷、砂粒冲刷、紫外线照射、大气氧化与腐蚀等外界因素的作用。为了提高复合材料叶片的承载能力、耐腐蚀和耐冲刷等性能，必须对树脂基体系统进行精心设计和改进。例如，采用性能优异的风能专用环氧树脂代替不饱和聚酯树脂，可以改善玻璃纤维/树脂界面的黏结性能，从而提高叶片的承载能力，扩大玻璃纤维在大型叶片中的应用范围；同时，为了提高复合材料叶片在恶劣工作环境中的长期使用性能，还开发了耐紫外线辐射的新型环氧树脂系统。

据报道，爱尔兰 Gaoth 风能公司与日本三菱重工和美国 Cyclics 公司已开始探讨研制低成本热塑性复合材料叶片。在爱尔兰有关企业的资助下，Limerick 大学和 Galway 国立大学开展了热塑性复合材料的先进成型工艺的基础研究。为了解决热塑性复合材料叶片的纤维浸渍和大型热塑性复合材料结构件制造过程中的树脂流动问题，美国的 Cyclics 公司开发出了一种低黏度的热塑性工程塑料基体材料——CBT 树脂。这种像水一样低黏度的热塑性工程塑料 CBT 树脂流动性好，易于浸渍增强材料，赋予复合材料良好的韧性，同时可以充分发挥材料的性能，提高叶片的耐冲击性能与抗振能力。

与热固性复合材料相比，热塑性复合材料具有质量轻、抗冲击性能好、生产周期短等一系列优异性能。在相同的尺寸条件下，热塑性复合材料由于密度低，叶片的质量更轻，随之带来安装塔座和发电机质量的减小。但是，该类复合材料的制造工艺技术与传统的热固性复合材料成型工艺差异较大，制造成本较高，成为限制热塑性复合材料用于风机叶片的关键问题之一。

2. 叶片结构设计的发展

风机叶片结构设计的目的是要通过空气动力学分析，充分利用复合材料的性能，使大型叶片以最小的质量获得最大的扫风面积，从而使叶片具有更高的捕风能力。随着风力发电机额定功率的增大，风机叶片的质量和费用随着其长度的增加也迅速的增加。如何通过新的结构设计方案和提高材料的性能来降低叶片的质量便至关重要了。

在玻璃钢叶片的结构型式中，叶片剖面及根端构造的设计最为重要。选择叶片剖面及根端构造，要考虑玻璃钢叶片的结构性能、材料性能及成型工艺。风机叶片要承受较大的载荷，通常要考虑 50～60m/s 的极端风载。为提高叶片的强度和刚度，防止局部失稳，玻璃钢叶片大都采用主梁加气动外壳的结构型式。主梁承担大部分弯曲载荷，而外壳除满足气动性能外，也承担部分弯曲载荷。主梁常用 D 形、O 形、矩形和双拼槽钢等型式。

德国的 Enercon 公司对叶片结构设计进行了深入研究，发现当风机叶轮的旋转直径由 30m 增加到 33m 时，由于叶片长度的增加，叶片转动时扫风面积增大，捕风能力大约提高 25%；同时，对 33m 叶片进行空气动力实验，经过精确的测定，叶片的实际气动效率为 56%，比 Betz 计算的最大气动效率低约 3%～4%。为此，该公司对大型叶片外形、型面和结构都进行了必要的改进：为抑制生成扰流和旋涡，在叶片端部安装"小翼"；为改善和提高涡轮发电机主舱附近的捕风能力，对叶片根部进行重新改进，缩小叶片的外形截面，增加叶径长度；对叶片顶部和根部之间的型面进行优化设计。在此基础上，Enercon公司开发出了旋转直径为71m的2MW风电机组，并且在4.5MW风电机组设计中继续采用上述技术，在旋转直径为112m的叶片端部仍安装有倾斜"小翼"，使得旋转直径为112m的叶片的运行噪音小于旋转直径为66m的叶片运行时所产生的噪音。

丹麦的LM公司在61.5m复合材料叶片样机的设计中对其叶片根部固定方案进行了改进，尤其是固定螺栓与螺栓之间的周围区域。这样，在保持现有根部直径的情况下，能够支撑的叶片长度可比改进前大约增加20%。另外，LM公司的叶片预弯曲专有技术也可以进一步降低叶片重量和提高产能。日本机械技术研究所利用杠杆原理开发的小型抗强风柔性结构风力发电机代表了一种新的设计理念。其叶片半径7.5m，采用玻璃纤维增强复合材料制造，塔高15m、重3.2t。风电机组采用活络式转子，允许桨叶、轮毂摇动，能缓和空气动力负荷反复变动产生的冲击与振动，提高玻璃钢叶片及轮毂的抗疲劳性能，从而延长工作寿命。另外，由于采用轴与叶片柔性连接的新结构，可使强风时加到叶片上的力减少50%；而且随着风力增强，该叶片的角度会自动变化，使风在叶片后方自行消减，自动维持80r/min的转速，风速为8～25m/s时可稳定输出15kW电力。

3. 风机叶片翼型的发展

风机叶片翼型气动性能的好坏，直接决定了叶片风能转换效率的高低。低速风机叶片采用薄而略凹的翼型；现代高速风机叶片都采用流线型叶片，其翼型通常从NACA和Gottigen系列中选取，这些翼型的特点是阻力小、空气动力效率高，而且雷诺数也足够大。早期的水平轴风机叶片普遍采用航空翼型，例如NACA44××和NACA230××，因为它们具有最大升力系数高、桨距动量低和最小阻力系数低等特点。随着风机叶片技术的不断进步，人们逐渐开始认识到传统的航空翼型并不适合设计高性能的叶片。美国、瑞典和丹麦等风能技术发达国家都在发展各自的翼型系列，其中以瑞典的FFA-W系列翼型最具代表性。FFA-W系列翼型的优点是在设计工况下具有较高的升力系数和升阻比，并且在非设计工况下具有良好的失速性能。

目前，世界上最大的风机叶片生产商——丹麦的LM公司已开始在大型风机叶片上采用FFA-W系列翼型。风电机组专用翼型将在风机叶片设计中起着越来越重要的作用，在叶片翼型的改进上也还有很大的发展空间。同时，采用柔性叶片也是一个发展方向，利用新型材料进行设计制造，使其在风况变化时能够改变它们的空气动力型面，从而改变空气动力特性和叶片的受力状况，增加叶片运行的可靠性和对风的捕获能力。另外，在开发新的空气动力装置上也进行了大量尝试，如在风机叶端加一小翼。由Aero Vironment公司提出的Aero Vironment型小翼被实际用于水平轴风电机组，并成功地提高了风电机组的输出功率。

在国内，风机翼型的研究工作仍停留在普通航空翼型阶段，最有代表性的是NACA系列，对新翼型的研究很少。由于缺乏风电机组专用新翼型的几何参数和气动性能参数，直接影响了我国大型风机的气动设计水平。

4. 风机叶片成型工艺的发展

随着风力发电机功率的不断提高，安装发电机的塔座和捕捉风能的复合材料叶片做得越来越大。为了保证发电机运行平稳和塔座安全，不仅要求叶片的质量轻，还要求叶片的质量分布必须均匀、外形尺寸精度控制准确、长期使用性能可靠。若要满足上述要求，需要有相应的成型工艺来保证。传统复合材料风机叶片多采用手糊工艺制造。手糊工艺生产风机叶片的主要缺点是生产效率低、产品质量均匀性不好、产品的动静平衡保证性差，废品率较高。特别是对高性能的复杂气动外形和夹芯结构叶片，还往往需要黏结等二次加工，生产工艺更加复杂和困难。由于手糊过程中含胶量不均匀、纤维/树脂浸润不良及固化不完全等，常会引起风机叶片在使用中出现裂纹、断裂和变形等问题。因此，目前国外的高质量复合材料风机叶片往往采用 RIM、RTM、缠绕及预浸料/热压工艺制造，其中RIM 工艺投资较大，适宜中小尺寸风机叶片的大批量生产（＞50000 片/年）；RTM 工艺适宜中小尺寸风机叶片的中等批量的生产（5000～30000 片/年）；缠绕及预浸料/热压工艺适宜大型风机叶片批量生产。

　　RTM 工艺的主要原理：在模腔中铺放好按性能和结构要求设计好的增强材料预成型体，采用注射设备将专用低黏度注射树脂体系注入闭合模腔，模具具有周边密封和紧固以及注射及排气系统，以保证树脂流动顺畅并排出模腔中的全部气体和彻底浸润纤维，并且模具有加热系统，可进行加热固化成型复合材料构件。由于 RTM 工艺具有叶片整体闭模成型，产品尺寸和外形精度高、初期投资小、制品表面光洁度高、成型效率高、环境污染小等优点，开始成为风机叶片的重要成型方法。

　　大型风机叶片目前采用的工艺主要有两种：开模手工铺层和闭模真空浸透。用预浸料开模手工铺层工艺是最简单、最原始的工艺，不需要昂贵的工装设备，但效率比较低，质量不够稳定，通常只用于生产叶片长度比较短和批量比较小的情况；闭模真空浸透技术被认为效率高、成本低、质量好，因此为很多生产单位所采用。采用闭模真空浸透工艺制备风机叶片时，首先把增强材料铺覆在涂覆硅胶的模具上，增强材料的外形和铺层数，在先进的现代化工厂，采用专用的铺层机进行铺层，然后用真空辅助浸透技术输入基体树脂，真空可以保证树脂能很好地充满到增强材料和模具的每一个角落。真空辅助浸透技术制备风机叶片的关键点有三个，即：①优选浸透用的基体树脂，特别要保证树脂的最佳黏度及其流动特殊性；②模具设计必须合理，特别对模具上树脂注入孔的位置、流道分布更要注意，确保基体树脂能均衡地充满任何一处；③工艺参数要最佳化，真空辅助浸透技术的工艺参数要事先进行实验研究，保证达到最佳化。固化后的叶片由自动化操纵的设备运送到下一道工序，进行打磨和抛光等。由于模具上涂有硅胶，叶片不再需要油漆。此外还必须注意，在工艺制造过程中，尽可能减少复合材料的孔隙率，保证增强纤维在铺放与成型过程中保持平直，是获得良好力学性能的关键。

　　5. 风机叶片的发展前景

　　风力发电具有资源再生、容量巨大、无污染、综合治理成本低等优点，是未来电力的先进生产力。而在风力发电设备中，最核心的部分是叶片。叶片成本约占风力发电机组总成本的 20% 左右，其原材料国产化是降低风机总造价的关键之一。在"863"计划"兆瓦级风力发电机组风轮叶片国产化"的支持下，叶片原材料国产化取得了重要进展，目前国产叶片已通过试验认证。近年来，由于国内市场风机叶片供不应求、利润空间大，这一行业扩张迅速。在不少知名外资企业进入我国的同时，国内叶片企业通过发挥自身优势也获得了较快发展，生产技术日趋成熟，成为我国风电整机制造企业的稳定配套商。但是，国内部分大型叶片生产企业主要通过与国外企业签署技术许可合同获得相关制造技术来生产风机叶片。特别是在兆瓦级复合材料叶片生产方面，这些企业所用设备和原材料绝大部分从国外进口，采用的生产技术也来自国外，使得兆瓦级风电机组的成本居高不下，从而严重阻碍了我国风电相关行业的发展。

目前，国外风机叶片大量采用复合材料制造，并向大型化、低成本、高性能、轻量化、多翼型、柔性化方向发展。而国内的风机叶片尚处于起步阶段，离高性能叶片的要求还相距甚远。因此，大力增加风电技术研究和开发的投入，大力培养风电人才，突破风机叶片技术的瓶颈限制，大力开发风电能源，对于缓解我国将来的能源危机，具有重要的战略意义。

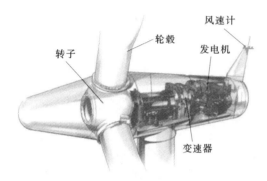

图1-3 风机机舱结构

1.3.2 机舱/轮毂

机舱/轮毂是风力发电的核心部分，主要由轮毂、转子、风速计、控制器、发电机、变速器等部分组成，如图1-3所示。转子连接发电机舱和叶片，是为了提高风能的利用效率，在低风速的时候能够利用更多的风力资源，在风速过高的时候起到保护作用。风速计的作用是测量风的方向和强度，并且迅速地将这些信息传达到中心控制电脑，以便调节各个叶片角度和发电机舱的方向，更有效地利用风能。控制器是由电脑操作控制整个风电机组，在无人的情况下完成海上风电机组的正常运作。目前，我国风机自主化程度不高，大功率的风机基本上靠进口，而欧洲一些传统的风电强国在大功率海上风机的研究开发上已领先一步，德国已生产出海洋专用的定型产品 E112（4500kW）、M5000（5000kW）等，目前世界上已安装的海上风电机组的功率一般都在2～3MW，而一些示范性的海上风电场已经开始采用5MW的大功率风机。

1.3.3 塔架

国际电工委员会标准 IEC 61400—2009《海上风机设计要求》，将风力发电机偏航系统以下的整个结构部分定义为支撑结构，支撑结构包括塔架、下部结构和基础。与海床直接接触的部分定义为基础，位于水面以上的通道平台作为塔架和下部结构的分界线。

塔架是风机的支撑结构，支撑位于空中的风力发电系统，塔架与基础相连接，承受风力发电系统运行引起的各种载荷，同时传递这些载荷到基础，使整个风力发电机组能稳定可靠地运行。塔架是海上风电场的重要组成部分，塔架的基本型式主要有单管式、桁架式、管塔式等。目前广泛采用的是管塔式塔架，又称为塔筒。

塔筒一般由空心的管状钢材制成，设计主要考虑在各种风况下的刚性和稳性，根据安装地点的风况、水况和风轮半径条件决定塔身的高度，使风机叶片处于风力资源最丰富的高度。

1.3.4 基础

海上风电机组基础按型式分为固定式和浮式两大类,两类基础适应于不同的水深,固定式一般应用于浅海,适应水深在0~80m,目前应用较为广泛,浮式基础能够适应40~900m的水深,但目前仍处于研究阶段,尚未达到大规模应用阶段。海上风电机组基础包括单桩钢管基础、重力式基础、筒形基础、多桩基础和浮式基础等。

(1)单桩钢管基础。单桩钢管基础是用液压撞锤将一根钢管夯入海床或者钻孔安装在海床形成的基础。该基础直径为3~6m、壁厚约为直径的1%,插入海床的深度与土壤的强度有关,靠桩侧土压力传递风机荷载,主要适用于浅水及20~25m的中等水域、土质条件较好的海上风电场项目。这种基础目前已经广泛地应用于欧洲海上风电场,成为欧洲安装风力发电机的"半标准"方法。单桩钢管基础的优点是无需海床准备、安装简便,缺点是移动困难,并且由于直径较大需要特殊的打桩船进行海上作业,如果安装地点的海床是岩石,还要增加钻洞的费用。

(2)重力式基础。重力式基础是最早应用于海上风电场建设的基础型式,靠其自身巨大的重量固定风机,有混凝土重力式基础和钢沉箱基础两种型式。适用于水深小于10m的任何地质条件海床,在大于10m水深时为保证足够重量抵抗环境荷载,其尺寸和造价随水深的增加而迅速增大。这种基础结构简单、造价低、受海床砂砾影响不大,抗风暴和风浪袭击性能好,其稳定性和可靠性是所有基础中最好的。其缺点在于:需要预先进行海床准备,海上施工周期较长;由于其体积大、重量大,安装起来不方便且运输费用较高;适用水深范围太过狭窄,随着水深的增加,其经济性不仅得不到体现,造价反而高于其他类型基础。

(3)筒形基础。筒形基础也称为吸力式基础,是一种新型的海洋工程基础结构型式,有多筒基础和单筒基础两种。由于其材料安装成本低于桩基础,易于海上安装运输而受到海洋工程和海上风电行业的青睐。其原理是将陆上制作好的钢筒漂浮拖航至风电场,就位后抽出筒体中的气体和水,利用筒体内外压力差将筒体插入海床一定深度。图1-4和图1-5分别为多筒基础、单筒基础的安装过程示意图。筒形基础适用于地质条件为砂性土或软黏土的各种水深条件风场。其优点在于:节省钢用量,减少制造费用;采用负压施工海上安装速度快,便于在海上恶劣天气的间隙施工;便于运输和安装;吸力式基础插入深度浅,只须对海床浅部地质条件进行勘察,而在风电场寿命终止时,可以简单方便地拔出,进行二次利用。其缺点在于:安装过程中由于负压筒内土体会形成土塞;在下沉过程中容易产生倾斜,需频繁矫正。筒形基础在海洋工程和海上风电场工程的应用案例还较少,国外的有丹麦的Frederikshaven风电场,另外2010年6月29日国内道达海上风电研究院采用复合筒形基础作为海上测风塔的基础,成功进行了整体海上安装作业,香港东南水域风电场也计划采用三筒基础型式。综合来看,筒形基础作为海上风电机组基础应用前景较为广阔,但是可靠性还需要进一步验证。

(4)多桩基础。多桩基础的概念源于海上油气开发,基础由多个桩基打入地基土内,桩基可以打成倾斜或者竖直,用以抵抗波浪、水流力,中间以灌浆或成型方式(上部承台/三脚架/四脚架/导管架)连接塔架,适用于中等水深到深水区域风电场。多桩基础上部结

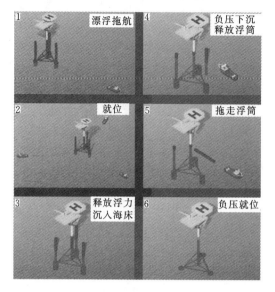

图 1-4 多筒基础安装过程示意图

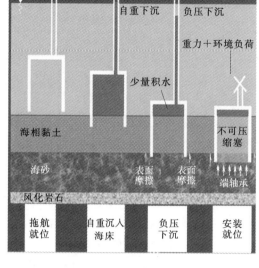

图 1-5 单筒基础安装过程示意图

构的具体选择根据水深、环境荷载和风机系统动力特性确定。其优点在于：适用于各种地质条件、水深；重量较轻；建造和施工方便；无需做任何海床准备。其缺点在于：建造成本高；安装需要专用设备；施工安装费用较高；达到工作年限后很难移动。在 2007 年建设投产的英国 Beat rice 示范海上风电场中，两台 5MW 的风电机组均采用四桩靴式导管架作为基础，作业水深达 45m，是目前海上风电机组固定式基础中水深最大的；我国上海东大桥海上风电场采用的是多桩混凝土承台型式。随着海上风电场向深水区域的不断推进，此类基础在今后会有更广阔的前景。

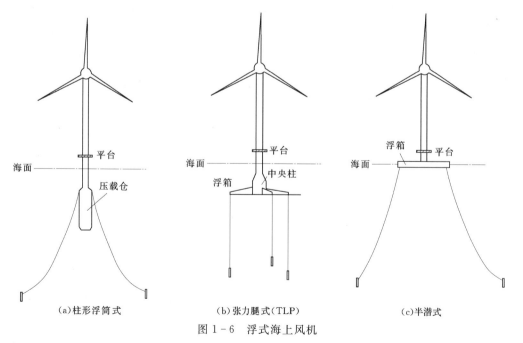

(a)柱形浮筒式　　　　　(b)张力腿式(TLP)　　　　　(c)半潜式

图 1-6 浮式海上风机

（5）浮式基础。浮式基础不固定在海床上而是直接漂浮在海中，通过缆绳—基础（筒形基础/鱼雷锚/平板锚等）系统固定在一定的位置，常见的为柱形浮筒式、张力腿式（TLP）和半潜式，如图1-6所示。它适合在海底基础难以作业的深海应用，目前对其研究尚处于初步阶段。其优点在于建设及安装方法灵活，可移动、易拆除。其缺点在于这种基础不稳定，只适合风浪小的海域，另外齿轮箱及发电机等旋转运动的机械长期处于巨大的加速度力量下，潜在地增加安装失败的危险及降低预期使用寿命。荷兰的

图1-7 浮式风电机组

Blue H Technologies公司用离岸油井的技术开发出世界第一座浮式风电机组，应用于意大利南部Puglia外海的风电场。世界上第二台浮式基础海上风电机组在2009年挪威Kar-moy海域安装完成，命名为Hywind，如图1-7所示。该项目是由挪威、丹麦、德国、英国和荷兰等多国参与的国际合作项目，容量2.3MW，水下浮标长约100m，叶片直径82m，轮毂高度65m，通过3根锚索固定在海面下大约220m深处。Hywind风电机组将试运行两年并进行测试和研究，其关键技术在于：尽可能地令其"苗条"，以在海上保持相对平稳；具备足够强度，能经受住海上相当恶劣的天气；使发电机机箱下移，降低风机重心。综合来看，浮式基础真正实现应用还有很长的路要走。

1.3.5 海底电缆及电力传输设备

海上风电场除了风电机组设施之外，还有如海底电缆、变压器和传输器等一些附属设施。按功能主要分为收集装置和传输装置两个方面。收集装置将各个风电机组产生的电收集起来，经过变压器升高电压，然后通过电缆等传输装置将电输送出去。

1.4 海上风电行业所面临的挑战

尽管海上风电前景不错，但其开发难度却远远大于陆地，其面临的挑战主要体现在：

（1）项目前期研究。与陆地风电场建设的流程基本一样，海上风电场建设也需要进行很多前期研究工作，诸如风能资源获取、不同阶段地质资料勘察、水文资料获取等，但是这些过程均比陆地困难。此外，受到来自军事、海事、渔业养殖业、海洋环境保护等多方面的制约，其前期研究工作比陆地风电场复杂。

（2）风电机组制造。海上风电机组的未来趋势必然是大型化，目前国内已有5MW、6MW风机投入使用，大型风机的难度主要体现在整体设计能力及零配件加工方面，尤其是核心的齿轮箱、轴承等机械部件上。

（3）施工。海上风电机组作为海洋工程的一种，包含了海洋工程的全部难题，突出体现在海上实施的基础结构安装、海缆铺设及风机运输/安装等方面，集中表现在设备能力

及技术能力上，有些技术在国内尚不成熟，即使在国外，也在不断进行技术创新，施工成本一直居高不下依然是发展海上风电的瓶颈，拥有海上施工能力的企业将对海上风电行业具有非常大的影响力。

（4）升压站建设。不同于陆地项目，海上的升压站建设也异常复杂，国内尚无先例，国外的经验也不多，主要难在高压设备的海洋环境适应能力上。

（5）风电场运行维护。海上风电场的日常巡检及故障维修与陆地极不相同，工作人员登临风电平台异常困难。国外一般利用船舶停靠，但风电场一般风都比较大，船舶在 4 级风以上就很难停靠，风较小时风机又不具备运转的风力条件，因此一次故障排除至少需要一周以上。国外有用直升机吊索进入的，但是均不可靠，受天气影响较大。

（6）恶劣天气的影响。主要指台风及个别地区的季风，这些恶劣天气的破坏能力极高，尤其是我国东南沿海的台风，目前该区域的海上风电场乃至陆地风电场规划均较少。

（7）海洋环境的制约。海水强腐蚀性及海上空气中的高盐分、高湿度大大增加了海上风电行业的难度，从基础结构到塔架，从叶片到机舱，从各类机械部件到电气部件，这些都面临海洋腐蚀性环境的考验，有些甚至是致命的影响，极大地限制了海上风电行业的发展。

1.5　海上风电场的腐蚀与防护

在风能的开发和利用过程中，需要攻克和解决各种环境条件下风电机组的腐蚀与防护相关的技术难点和问题。由于风电机组各部分结构和各类机械零部件、电气控制元器件都要面对各种腐蚀因素，极大地影响到风电机组的安全运行和使用寿命，因此在开发和利用风能的过程中对风电机组的防腐蚀技术提出了更高的要求。

1.5.1　海上风电场面临的腐蚀问题

海上风电机组，除了基础结构外，其他与陆地风电机组基本相同。其腐蚀等级受海洋环境影响，外露结构为 ISO 12944 - 2C5 - M，内部结构为 C3/C4 腐蚀等级。海上风电场与陆地风电场的最大区别在于基础结构，有单桩、重力式、筒形、多桩和浮式结构等。不同的结构型式，都面临严峻的应用环境，属于 ISO 12944 - 2Im2 的腐蚀等级。除腐蚀问题外，还会有：物理性的撞击，如浮冰块、船舶靠泊以及其他漂浮物的撞击等；海洋生物的影响，包括鱼类在内的海洋动物、贝类、植物类等。

海洋因披上了海水这层神秘的面纱而变得深不可测。在这种环境下发展全新的风电事业存在着很大的风险，虽然海洋环境给风电机组带来的腐蚀问题目前已有解决方案，但是有些解决方案付出的代价巨大，成本居高不下，有些解决技术还不太成熟，工艺繁杂。如果防腐问题处理不好，小则使个别风电机组发生故障，影响机组运转效率，大则使机组大面积故障而被迫拆除。如图 1 - 8 所示，从正在安装的风力发电机机舱可以看到，即使是才开始进行安装的风机，内部的主要部件表面已经生锈。1996 年洛阳工程机械公司在海南安装的风力发电机使用不到一年，部分风机底部出现漆层脱落现象。同年该公司在内蒙古安装的相同型号的风电机组，采取了与海南风电机组相同的防腐措施，却没有出现漆层

脱落现象。这是由于大型风力发电机一般工作
在有稳定风源的地方，主要是风口或者海边。
风口的腐蚀因素主要是沙粒，海边的腐蚀性因
素主要是盐雾，两者的腐蚀成分不同，所以在
防腐技术方面分为风沙型和海洋型两种。由于
海水对塔架的腐蚀程度高于风沙，所以处于海
洋环境的风电场会出现更严重的腐蚀现象。

随着我国海洋开发事业的飞速发展，海上
金属（钢铁）设施越来越多。金属材料在海洋
恶劣环境中的腐蚀十分严重，防腐问题逐渐暴
露出来，成为海上金属设施安全性的重要制约
因素之一。据资料介绍，仅美国海军航空兵用
于防腐的开支每年就达到 10 多亿美元；我国
每年因海洋腐蚀造成的经济损失比因火灾、风
灾、水灾、地震等自然灾害造成的损失的总和

图 1-8　风力发电机和机舱

还要大。近 50 年来，国内外海洋腐蚀事故向人类一次次敲响警钟。如 1960 年，美国第一
艘核潜艇"肛鱼"号的非再生热交换器所用的 0Cr18Ni9 不锈钢管出现了氯离子引起的应
力腐蚀破裂事故；1969 年，由于腐蚀脆性破坏，日本一艘 5 万 t 级矿石专用运输船突然沉
没；1972 年，国内某船舶因异种船体钢板匹配不当，使船体发生了严重的电偶腐蚀；据
20 世纪 70 年代统计资料，海洋平台有 7％～9％出现事故，其中事故原因中大多数是腐蚀
疲劳破损。在海洋大气环境中工作的舰载飞机以及海面上起飞的水上飞机，出现过由于修
复腐蚀损坏的费用超过本身造价而提前报废的情况，致使美国空军提出"优先搞好腐蚀控
制"的政策。因此，加强海洋环境中的腐蚀控制减少金属材料的损耗，避免海上钢结构、
设施遭到过早的或意外的损坏，有着非常重要的战略意义。

1.5.2　海上风电场防腐的重要性

海上风电机组防腐是一个系统工程，对于机组的每一部分，从设计到现场安装都必须
考虑防腐问题。由于当前我国海上风电才刚刚进入试验性的示范工程阶段，因此在风电机
组防腐技术方面还没有过多的经验和范例。尽管从其他行业的海上防腐技术来看，我国的
研发水平与国际水平基本同步，但由于海上风电机组投资大、维护难，加之工作环境的特
殊性，要做到"终身防腐"还有很多困难和技术难点要克服，只有解决了海上风电机组的
防腐问题，才能最大限度地延长其安全使用寿命，实现工作期限内最低的维护需求、最大
的经济效益和社会效益。其中，海上风电机组的防腐技术及相关标准的制定是我国海上风
电必须要解决的一个重要问题。由于海上风电机组必须承受高湿、高盐雾、长日照的环
境，并根据季节不同承受高温、高风速，所以如果不进行防护，风电机组在海上的腐蚀必
定非常严重。而且海上风电机组不同于海上钻井平台或船舶军舰，在受到腐蚀后无法进行
及时的修复和维护。且海上风电机组由于其特殊的地理环境和技术要求，维修费用极高。
因此，海上风电机组面临的最大问题就是抗腐蚀，发展海上风电要高度关注防腐问题。而

且，至今国内引进的技术都局限于陆地风电机组的生产，没有考虑海上风电机组运行过程中将会遇到的更为恶劣的腐蚀环境问题，甚至海上风电机组如何解决防腐问题还没有进行过多的探索工作。中国长江三峡集团公司在江苏省响水县近海施工的海上风电示范工程所采用的风机就是目前在陆地上所使用的普通1.5MW风电机组，风机的腐蚀问题是困扰该示范工程和即将大规模开发的近海风电场的最大问题。因此，对海上风电机组整体进行系统的防腐技术研发和攻关势在必行。

参　考　文　献

［1］ 翟秀静，刘奎仁，韩庆．新能源技术［M］．北京：化学工业出版社，2005.

［2］ 单晓宇．海上风电发展不能忽视防腐技术［M］．中国海洋报，2009－7－31（2）.

［3］ 李俊峰，高虎，等．2007中国风电发展报告［M］．北京：中国环境科学出版社，2007.

［4］ 北京银联信信息咨询中心．2009中国风电产业发展研究报告［R］．北京：银联信，2009.

［5］ 李俊峰，马玲娟，唐文倩．2008年世界风电发展回顾与展望［J］．产业观察，2009（3）：64－66.

［6］ 北极星电力网新闻中心．2012全球海上风电发展现状［R］．2012.

［7］ 北极星电力网新闻中心．海上风电发展现状分析与解读［R］．2010.

［8］ 李俊峰，施鹏飞，高虎．中国风电发展报告2010［M］．海口：海南出版社，2010.

［9］ 黄维学，方涛．我国海上风电发展现状、问题和措施［J］．一重技术，2011（4）：1－3.

［10］ 潘艺，周鹏展，王进．风力发电机叶片技术发展概述［J］．湖南工业大学学报，2007，21（3）：48－51.

［11］ 张晓明．风力发电复合材料叶片的现状与未来［J］．纤维复合材料，2006，60（2）：60－63.

［12］ 葛川，何炎平，叶宇，杜鹏飞．海上风电场的发展、构成和基础形式［J］．中国海洋平台，2008，23（6）：31－35.

［13］ 王建峰，蔡安民，刘晶．我国海上风机基础形式分析［C］．第十二届中国科学技术协会年会会议录（第二卷）：1－7.

［14］ Wang Wei, Bai Yong. Investigation on installation of offshore wind turbines［J］. Journal of Marine Science Application, 2010（9）：175－180.

［15］ 中国报告网．中国海上风力发电行业深度分析与投资前景预测报告（2013－2017）［R］．北京，2013.

［16］ 尚景宏，罗锐．海上风力发电领域——防腐蚀专业的新战场［J］．涂料技术与文摘，2009（10）：16－21.

［17］ 高坤，李春，高伟，车渊博．新型海上风力发电及其关键技术研究［J］．能源研究与信息，2010（2）：110－116.

［18］ 詹耀．风力发电机组的防腐技术与应用［J］．能源研究与信息，2010（2）：13－15.

第2章 海洋环境中的腐蚀与防护

2.1 海洋环境不同区带的腐蚀特征

海上风电场处于恶劣的应用环境之中,随着总容量的逐渐扩大,水深也逐渐增加,这对防腐技术提出了更高的要求。海水是一种成分复杂的混合液体,主要由溶解质液体、气体和固体物质三部分组成,其中 96%～97% 由水组成,3%～4% 由溶解于水中的各种元素和其他物质组成。海水中已经发现的化学元素有 80 多种,但含量差别很大,主要化学元素有氯、钠、镁、钾、硫等,海水成分较稳定,这些元素大多数以离子态存在,氯化物含量高达 88.6%,硫酸盐占 10.8%。溶解在海水中的气体以 CO_2 和 O_2 为主,O_2 主要来源于大气和海生植物的光合作用,而 CO_2 主要来自大气和海洋生物的呼吸作用和生物残余的分解作用。一般情况下,水温升高时,O_2 含量降低,水温降低时 O_2 含量增加。海水中 CO_2 的溶解度是有限的,但海洋植物可以消耗大量的 CO_2,而且在碱性环境下,CO_2 还可以与钙离子结合,生成碳酸钙沉淀。海洋腐蚀问题十分复杂,因为各海区环境因素不同,所以其腐蚀规律也不同。从风电场设施腐蚀的角度以及与海水的接触情况,可将海洋环境分为海洋大气区、浪溅区、潮汐区、全浸区和海泥区五个不同的腐蚀区带。以海上风电机组支撑结构为例,将不同区域的环境条件和腐蚀特点进行归纳总结,见表 2-1。

表 2-1 不同海洋环境区域的腐蚀特点的比较

海洋区带	环 境 条 件	腐 蚀 特 点
海洋大气区	海风带来颗粒,影响因素为高度、雨量、温度、辐射等	海盐粒子使腐蚀加快,但随与海岸距离不同而不同
浪溅区	潮湿、充分充气的表面,无海洋生物沾污	海水飞溅、干湿交替,腐蚀剧烈
潮汐区	周期浸没,供氧充足	因氧浓差电池而受到保护
全浸区	在浅水区海水通常为饱和,影响因素为流速、水温、污染、海洋生物、细菌等	腐蚀随温度变化,浅水区腐蚀严重,阴极区往往形成水垢,生物因素影响较大,随深度增加,腐蚀减轻
海泥区	常有细菌	泥浆通常有腐蚀性,可能形成泥浆海水间腐蚀电池,有微生物腐蚀的产物

从表 2-1 可以看出,在浪溅区,由于处在干、湿交替区,氧气供应充分,所产生的腐蚀产物没有保护作用,因此腐蚀最严重;在高潮线,由于涨潮时高含氧量海水的飞溅,

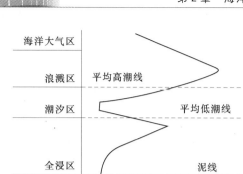

海洋大气区

浪溅区　　平均高潮线

潮汐区　　　　　　平均低潮线

全浸区　　　　　　泥线

海泥区

金属厚度的相对损失

图 2-1　海洋腐蚀环境腐蚀倾向示意图

金属表面的腐蚀也很严重；在潮汐区（平均高潮线与低潮线之间），由于氧浓差电池的保护作用，腐蚀最小；在海水全浸区，即在平静的海水中，腐蚀受氧扩散的控制，其中浅海区腐蚀较重，阴极区往往形成石灰质水垢，并且随深度增加有所减轻；在接近海泥带，由于海洋生物的氧浓差电池和硫化物的影响，腐蚀率增加；在海泥中，由于溶解氧量减少、腐蚀产物不能迁移，因此腐蚀较轻。各区的腐蚀倾向如图 2-1 所示。

2.1.1　海洋大气区的腐蚀

海洋大气环境中相对湿度大、盐分高，对于暴露在海洋大气区的金属部分，腐蚀介质长期积累后附在钢铁表面形成良好的液态水膜电介质，同时由于钢结构成分中有少量碳原子的存在，极易形成无数个原电池，构成电化学腐蚀的有利条件，从而使金属物体产生腐蚀而生锈，导致其材料的结构和性能出现变化而破坏。

在海洋大气中，氯化钠会随着海水的蒸发在空气中形成氯化钠盐雾，这种盐雾遇水变成氯化钠溶液浮于空气中，加剧钢结构的腐蚀。盐雾腐蚀不仅会破坏海上风电机组的基础结构，而且造成海上风电机组的螺栓等紧固连接件强度降低、叶片气动性能下降、电气部件触点接触不良，使风电机组传动系统、叶片、电气控制系统故障率大大增加，从而引起风电机组停机，更严重的有可能引起风电机组倒塌等安全事故。

2.1.2　浪溅区的腐蚀

浪溅区腐蚀除了海洋大气环境中的腐蚀影响因素外，还受到海浪飞溅的影响，在浪溅区下部还要受到海水的短时间浸泡。浪溅区的海盐粒子含量较高，海水浸润时间长，干湿交替频繁，钢铁腐蚀情况更为严重。通常，钢铁的腐蚀速率会在浪溅区出现峰值。浪溅区的钢表面锈层在湿润过程中作为一种强氧化剂作用，而在干燥过程中，由于空气的氧化作用，锈层中的 Fe^{2+} 又被氧化为 Fe^{3+}。上述过程的反复进行，使钢铁的腐蚀加速，造成钢结构损伤严重。一般情况下，同一种钢，在浪溅区的腐蚀速度可比海水全浸区中高出 3～10 倍，浪溅区成为所有海洋环境中腐蚀最为严重的部位，一旦在这个区域发生严重的局部腐蚀破坏，会使整座钢结构设施承载力大大降低，缩短使用寿命，影响安全生产，甚至导致设施提前报废。

2.1.3　潮汐区的腐蚀

在潮汐区钢铁表面经常会与含有饱和氧气的海水接触，由于海洋潮汐变化的原因而使钢铁腐蚀加剧，在有浮游物体和冬季流冰的海域，潮汐区的钢铁还会受到撞击。

2.1.4 全浸区的腐蚀

全浸区的钢结构全浸于海水中，如测风塔管架平台的中下部位，长期浸泡在海水中的钢铁腐蚀会受到溶解氧、海水流速、盐度、污染物和海洋生物等因素的影响。由于钢铁在海水中的腐蚀反应受氧的还原反应所控制，所以在全浸区中，溶解氧对钢铁的腐蚀起到主导作用。

2.1.5 海泥区的腐蚀

海泥区位于全浸区以下，主要由海底沉积物构成。海底沉积物的物理性质、化学性质和生物性质随海域和海水深度的不同而不同。

海泥区实际上是饱和的海水土壤，它是一种比较复杂的腐蚀环境，既有土壤腐蚀特点，又有海水腐蚀特性。海泥区含盐度高、电阻率低，但是供氧不足，所以一般钝性金属的钝化膜是不稳定的。海泥区含有硫酸盐还原菌，会在缺氧环境下生长繁殖，会对埋入海泥区的钢铁造成比较严重的腐蚀。

2.1.6 腐蚀环境的分类标准

材料在不同大气环境中的腐蚀破坏程度差异很大，例如，距海边 24.3m 处的钢腐蚀速度为距海边 243.8m 处的大约 12 倍。试验表明，若以 Q235 钢板在我国拉萨市大气腐蚀速率为 1，则青海察尔汉盐湖大气腐蚀速率为 4.3，广州市为 23.9，湛江海边为 29.4，相差近 30 倍。因此，在防腐蚀工程设计和制定产品环境适应性指标时，均需按大气腐蚀环境分类进行。

大气环境分类一般有两种方法，一种是按气候特征划分，即自然环境分类；另一种是按环境腐蚀严酷性划分。后者更接近于应用实际而被普遍采用。国际标准 ISO 9223～9226 便是根据金属标准试片在环境中自然暴露试验获得的腐蚀速率、综合环境中大气污染物浓度和金属表面润湿时间进行分类，将大气按腐蚀性高低分为 5 类，即 C1，很低；C2，低；C3，中；C4，高；C5，很高。

在涂料界，国际标准化组织颁布了更有针对性的标准：ISO 12944—1～8：1998《色漆和清漆—保护漆体系对钢结构的防腐保护》（Paints and varnishes—Corrosion protection of steel structures by protective paint systems），这是一部在国际防腐界通行的、权威的防护涂料与涂装技术指导性国际标准。目前，国内涂料、涂装行业、腐蚀与防护行业及相关设计研究院所、高等学校等在重大防腐工程设计、招投标及施工过程中都使用这一综合性标准。该标准将大气环境进行了系统的分类，根据不同大气环境的腐蚀性及其特征污染物质的污染程度，将涂料产品面对的大气环境大致分为乡村大气、城市大气、工业大气和海洋大气四种类型。表 2 - 2 给出了 ISO 12944—2 标准对大气腐蚀环境的分类方法及典型环境举例，可见海洋大气的腐蚀等级属于最严重的腐蚀类别 C5 - M。

由于导致腐蚀产生的环境因素除了大气还包括各类水质和土壤方面的影响，所以标准 ISO 12944—2 规定了钢结构在水下和土壤中的腐蚀环境分类见表 2 - 3，可见海水中全浸区的腐蚀环境类别属于 I2，海泥区属于 I3。

表 2 - 2　ISO 12944—2 标准对大气腐蚀环境的分类方法以及典型环境的举例

| 腐蚀级别 | 单位面积的质量/厚度损失（暴露 1 年后） | | | | 温和的气候中，典型的环境举例（仅供参考） | |
| | 低碳钢 | | 锌 | | | |
	质量损失 /(g·m⁻²)	厚度损失 /μm	质量损失 /(g·m⁻²)	厚度损失 /μm	外部的	内部的
C1（很低）	≤10	≤1.3	≤0.7	≤0.1	—	具有干净空气的建筑，如办公室、商店、学校
C2（低）	10～200	1.3～25	0.7～5	0.1～0.7	空气低污染，主要在乡村地区	会产生露水的建筑，如体育馆、航空站
C3（中）	200～400	25～50	5～15	0.7～2.1	在城市中，有工业气体，受 SO₂ 污染程度中等，或有低盐分的海滨地区	湿度高和有一些空气污染的生产车间，如食品加工厂、洗衣店、酿酒厂、奶厂等
C4（高）	400～650	50～80	15～30	2.1～4.2	工业区和具有中等盐分的沿海地区	化工厂、游泳池、海船、码头等
C5 - 1 [很高（工业）]	650～1500	80～200	30～60	4.2～8.4	高湿度的工业区，同时空气污染严重	温度通常在露点以下，高污染地区
C5 - M [很高（海上）]	650～1500	80～200	30～60	4.2～8.4	高盐分沿海或海上	温度通常在露点以下，高污染地区

SO_2

注　1. 表中所用的腐蚀级别换算值同 ISO 9223。

　　2. 在沿海、湿热地区，如果质量和厚度损失超过 C5 - M 所列，那么在选择结构防腐涂料时需特别注意。

表 2 - 3　ISO 12944—2 标准对钢结构所处水和土壤环境的分类

分　类	环　境	环境和建筑举例
I1	新鲜水	河流装置、水电厂
I2	海水或盐水	港口区域的建筑结构，如水闸门、锁等，海上结构
I3	土壤	储油罐、钢桩、钢管

　　20 世纪 90 年代，我国制定并颁布了类似标准，即 GB/T 15957—1995《大气环境腐蚀性分类》。该标准系以裸露的碳钢（以 A3 钢为基准）在不同大气环境下腐蚀等级划分和防护涂料及其类似防护材料品种选择为重要依据。该标准主要根据碳钢在不同大气环境下暴露第 1 年的腐蚀速率（mm/a），将腐蚀环境类型分为无腐蚀、弱腐蚀、轻腐蚀、中腐蚀、较强腐蚀、强腐蚀六大等级，并给出不同腐蚀环境下的腐蚀速率，见表 2 - 4。

表 2 - 4　GB/T 15957—1995 中大气腐蚀环境类型的技术指标

腐蚀类型		腐蚀速率 /$(mm \cdot a^{-1})$	腐蚀环境		
等级	名称		环境气体类型	相对湿度（年平均）/%	大气环境
Ⅰ	无腐蚀	<0.001	A	<60	乡村大气
Ⅱ	弱腐蚀	0.001～0.025	A B	60～75 <60	乡村大气、城市大气
Ⅲ	轻腐蚀	0.025～0.050	A B C	>75 60～75 <60	乡村大气、城市大气和工业大气
Ⅳ	中腐蚀	0.050～0.20	B C D	>75 60～75 <60	乡村大气、工业大气和海洋大气
Ⅴ	较强腐蚀	0.20～1.00	C D	>75 60～75	工业大气
Ⅵ	强腐蚀	1～5	D	>75	工业大气

注　在特殊场合与额外腐蚀负荷作用下，应将腐蚀等级提高。例如：机械负荷，风沙大的地区因风携带颗粒（砂粒等）使钢结构发生磨蚀的情况，钢结构上用于（人或车辆）通行或有机械重负载并定期移动的表面；经常有吸潮性物质沉积于钢结构表面的情况。

2.2　海洋环境中金属的腐蚀特征

2.2.1　电化学腐蚀机理

按照腐蚀机理，金属的腐蚀可以划分为化学腐蚀和电化学腐蚀。绝大多数腐蚀是电化学腐蚀，也是研究的主要对象。电化学腐蚀最主要的条件是在金属表面形成原电池，其电化学过程如下：

阳极反应

$$Me \longrightarrow Me^{2+} + 2e \tag{2-1}$$

阴极反应

$$2H^+ + 2e \longrightarrow H_2 \uparrow \tag{2-2}$$

或　　　　　　$$2H_2O + O_2 + 4e \longrightarrow 4OH^- \text{（氧去极化反应）} \tag{2-3}$$

在电解质溶液中

$$Me^{2+} + 2OH^- \longrightarrow Me(OH)_2 \tag{2-4}$$

海水是一种含有多种盐类近中性的电解质溶液，并溶有一定量的氧，这就决定了大多数金属在海水中腐蚀的电化学特征，即除了高化学活性的镁及其合金外，所有的工程金属材料在海水中都属于氧去极化腐蚀（吸氧腐蚀）。镁在海水中既有吸氧腐蚀又有析氢腐蚀。海水腐蚀的电化学过程具有以下特点：

（1）海水腐蚀的阳极过程是金属的溶解，由于阳极极化程度很小，海水腐蚀的阳极过程较易进行，腐蚀速率较大。完整钝化膜的存在可以抑制阳极溶解过程，但海水中的 Cl^- 很容易破坏钝化膜。Cl^- 的破坏作用有：破坏钝化膜，对钝化膜的渗透破坏作用以及对胶状保护膜的解胶破坏作用；吸附作用，Cl^- 比某些钝化剂更容易吸附；电场效应，Cl^- 在金属表面或在薄的钝化膜上吸附，形成强电场，使金属离子易于溶出；形成络合物，Cl^- 与金属可生成氯的络合物，加速金属溶解。以上这些作用都能减少阳极极化阻滞，造成海水对金属的高腐蚀性。因此，一些耐大气腐蚀的低合金钢在海水中的耐蚀性并不好，甚至不锈钢在海水中也常因为钝态的局部破坏而遭到严重的孔蚀、缝隙腐蚀等局部腐蚀。只有极少数易钝化金属，如钛、锆、铌、钽等，才能在海水中保持钝态，不过加入适当的合金元素（如钼等），可以降低 Cl^- 对钝化膜的破坏作用。在高速流动的海水中，金属材料易于产生冲击腐蚀和空泡腐蚀。

（2）海水腐蚀的阴极去极化剂是氧，阴极过程是腐蚀反应的控制性环节。在海水的 pH 条件下，阴极过程主要是氧的去极化，所以腐蚀过程的快慢取决于氧扩散的快慢。溶解氧的还原反应在 Cu、Ag 和 Ni 等金属上比较容易进行，其次是 Fe、Cr，在 Sn、Al 和 Zn 上电位较大，反应较困难。因此，Cu、Ag 和 Ni 在溶氧量低的场合是较稳定的金属，而在海水溶氧量高、流速大的场合中腐蚀速度也较快，另外，Cu、Ni 是易受 H_2S 腐蚀的金属，在含有大量 H_2S 的污染海水中，还能发生 H_2S 的阴极去极化作用。Fe^{3+}、Cu^{2+} 等高价重金属离子也可促进阴极反应，由 $Cu^{2+}+2e \longrightarrow Cu$ 的反应而析出的铜，能沉积在金属表面成为有效的阴极，所以，海水中若含有 0.1ppm 以上浓度的 Cu^{2+}，就不能使用铝合金。

（3）海水腐蚀的电阻性阻滞很小，异种金属的接触能造成显著的腐蚀效应。由于海水中电导较大，在金属表面容易形成微电池和宏电池，从而使腐蚀的作用范围增大，在海水中不但会发生均匀腐蚀，更会发生电偶腐蚀、孔蚀和缝隙腐蚀。因此，在考虑海水腐蚀时，必须考虑局部腐蚀问题。

（4）海水腐蚀的复杂性。由于海水温度、溶氧量、被腐蚀物与海水的相对位置、海水流速及海洋生物等诸多因素对海水腐蚀都会产生相应的影响甚至是交互影响，这都说明了海水腐蚀的复杂性。从组成上讲，海水是一种以 NaCl 和 $MgCl_2$ 为主的多元电解质溶液，因此其腐蚀机理也较单一的腐蚀介质（如 3.5%NaCl 等）复杂得多。

2.2.2　腐蚀破坏形式

金属腐蚀有全面腐蚀、点蚀（坑蚀）、电偶腐蚀、应力腐蚀、丝状腐蚀、水线腐蚀、冲蚀（磨蚀）、焊缝腐蚀、生物腐蚀等多种形态。

（1）全面腐蚀。全面腐蚀是一种常见的腐蚀形态，它的腐蚀特征是在金属的整个暴露表面或大面积上普遍地发生化学或电化学反应，可以是均匀的，也可以是不均匀的。海上风电场的钢铁构件处于海水全浸泡环境中的腐蚀一般属于全面腐蚀。

（2）点蚀（坑蚀）。点蚀是最常见的一种局部腐蚀类型，普遍发生在结构的各个部位。主要与材料的成分不均匀、表面状态及水中介质成分（主要是 Cl^-）有关。其特征是在一定的区域范围内，蚀孔不断地向纵深处发展，若连续发展能导致钢板穿孔。

点蚀是内部腐蚀形态的一种，在不锈钢上最常见。一旦有尘粒沉积在不锈钢表面，就易于吸收潮气而形成电解质，而水膜的氧溶差导致其钝化膜破坏而发生点蚀。一般选用高铬量或含有钼、氮、硅等合金元素的耐海水不锈钢来防止点蚀的发生。

（3）电偶腐蚀。多种金属组合产生了电偶腐蚀，在电解质水膜下形成腐蚀宏电池会加速其中负电位金属的腐蚀。通常，需避免电位差悬殊的异种金属作导电接触，避免形成大阴极小阳极的不利面积比，可加入绝缘片或缓蚀剂和进行涂装，以此来防止电偶腐蚀的发生。

（4）应力腐蚀。应力腐蚀敏感的合金上易发生金属应力腐蚀破裂。组织应力、残余应力、工作应力等都可能发生应力腐蚀破裂。可通过消除应力改变介质的腐蚀性来防止应力腐蚀破裂。

（5）丝状腐蚀。丝状腐蚀主要发生在钢铁和铝、镁等金属的涂膜下，腐蚀头部向前延伸，留下丝状的腐蚀产物。在涂膜薄弱缺损处和在构件的边缘棱角处通常会发生丝状腐蚀。

（6）水线腐蚀。金属结构处于半浸没状态时，在水线稍下的部位，由于溶氧量丰富（空气中的氧能迅速溶入补充），会首先受到腐蚀而形成一条锈蚀线，称水线腐蚀。如图 2-2 所示，在水位较稳定的钢件上经常能看到这种局部腐蚀。

（7）冲蚀（磨蚀）。在高速水流或含泥沙颗粒、气泡的高速流体直接冲击下，金属表面造成的磨蚀，又称为冲击腐蚀。它是高速流体的机械破坏与电化学腐蚀两种作用对金属共同破坏的结果。

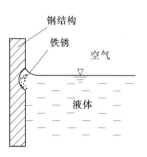

图 2-2　水线腐蚀

（8）焊缝腐蚀。金属结构存在大量的焊缝，焊接过程中会在焊缝局部产生很大的内应力及各种微观组织缺陷，两种因素的综合作用会加速焊缝部位的腐蚀。如果没有涂层保护或者保护效果不好，金属结构的焊缝会首先腐蚀。

（9）生物腐蚀。生物腐蚀是由淡水或海水中的动植物引起的，在金属结构上一般以动物（贝类）为主。第一步是生物黏附在金属上，其后由于表面遮盖不均匀、厌氧菌的活动或生物死亡腐烂而产生的硫化氢等，产生新的腐蚀环境，直接或间接地促进金属腐蚀。其主要的外观特征是在生物附着处形成较为明显的蚀坑。以海洋生物腐蚀为主，主要发生在沿海的防潮闸，较为洁净的淡水流域也能见到生物腐蚀，如丹江口水库陶岔取水闸（南水北调中线第一取水口），其腐蚀类型即以生物腐蚀为主。

2.2.3　腐蚀过程的影响因素

影响海水腐蚀的因素主要分为化学因素、物理因素和生物因素三类。这些因素单独或同时作用决定了金属材料在海水中的腐蚀过程及其腐蚀破坏类型。

1. 化学因素

化学因素主要包括盐度、pH 值和含氧量。

（1）盐度的影响。盐度指的是 1000g 海水中溶解固体物质的总质量。海水中因溶有大量易离解的盐类，是一种导电性能良好的电解质溶液。一般情况盐度越高，电阻率越低，腐蚀性越强，但当盐的浓度超过一定值，由于氧溶解度的降低，金属的腐蚀速率下降。氯离子在海水中含量很大，可使很多金属遭到腐蚀破坏，一般用海水中氯化物含量来表征海水的腐蚀性强弱。

（2）pH 值的影响。海水的 pH 值一般在 7.5～8.3 之间，通常酸性越大，腐蚀性越强。pH 值受腐蚀反应、海洋生物活动、气体溶解的影响，同时其变化会影响石灰质沉积物的形成和生长，以及其他保护膜的稳定性。钙、镁、锶等在碱性条件下会形成碳酸盐、碳酸氢盐沉积物，在金属表面形成沉淀膜，可以保护金属免遭腐蚀。

（3）含氧量的影响。氧是金属电化学腐蚀过程中阴极反应的去极化剂，因此，海水中氧含量的增加可使金属腐蚀速率增加。此外，由于金属表面氧化膜的形成，在某种程度上又可以抑制腐蚀反应的发生。

2. 物理因素

物理因素主要包括海水流速及温度。

（1）海水流速的影响。海水流动速度也是腐蚀的一个影响因素。能够形成钝化膜的金属，在高速海水中显示出较高的耐蚀性，而在静滞海水中则耐蚀性欠佳。这是因为在高速海水中，金属表面可连续不断地获得形成和维持钝化膜稳定所必需的氧。对活性金属而言，在极低流速的海水中，腐蚀速度较低，这是因为此时的海水流速比较均匀，氧的扩散速度慢；当海水流速提高时，氧扩散速度也提高，因此腐蚀速度加快。当流速很高时，特别是海水中夹带着泥沙对金属进行高速冲击时，金属腐蚀急剧增加，有时候会产生冲蚀、磨蚀、空蚀。

（2）温度的影响。一般来说，温度越高，腐蚀速度越快，温度每升高 10℃，腐蚀速度大约增加一倍。但随着温度的上升，氧的溶解度下降，削弱了温度效应。

3. 生物因素

生物因素的影响主要是指海水中对腐蚀有较大影响的海洋附着生物。它们经常会附生在船底或海水中的钢铁构筑物表面上，代谢产物（有机酸、无机酸）引起局部环境的酸度变化，加速了被附着物体的腐蚀，且使附着的表面形成缝隙，容易诱发缝隙腐蚀。但是对铝及某些不锈钢来说，它们的存在却可以使点蚀的蚀孔封闭，起到抑制腐蚀的作用。

2.3　海洋环境中混凝土结构的破坏

2.3.1　氯离子侵蚀

1. Cl^- 参与钢筋锈蚀机理

水泥水化的高碱性使混凝土内钢筋表面产生一层致密的钝化膜。该钝化膜只有在高碱性环境中才能稳定存在。Cl^- 到达钢筋表面并吸附于局部钝化膜处时，可使该处的 pH 值迅速降低，从而破坏钢筋表面钝化膜的稳定性。破坏的钝化膜使钢筋表面暴露出铁基体，与尚未破坏的钝化膜区域形成电位差，铁基体作为阳极受到腐蚀，大面积钝化膜区域作为阴极，由于大阴极对应小阳极，因此钢筋锈蚀处发展迅速。

Cl^- 不仅破坏钢筋表面的钝化膜，且参与钢筋的锈蚀反应。Cl^- 与阳极反应产物 Fe^{2+}

反应生成 $FeCl$，并将其带离阳极表面，进而使阳极表面反应继续甚至加速进行。其主要反应过程如下：

$$Fe \longrightarrow Fe^{2+} + 2e^{-} \tag{2-5}$$

$$Fe^{2+} + 2Cl^{-} + 4H_2O \longrightarrow FeCl_2 \cdot 4H_2O \tag{2-6}$$

$$O_2 + 2H_2O + 4e^{-} \longrightarrow 4(OH)^{-} \tag{2-7}$$

$$FeCl_2 \cdot 4H_2O \longrightarrow Fe(OH)_2 + 2HCl + 2H_2O \tag{2-8}$$

$$4Fe(OH)_2 + O_2 + 2H_2O \longrightarrow 4Fe(OH)_3 \tag{2-9}$$

$$2Fe(OH)_3 \longrightarrow Fe_2O_3 + 3H_2O \tag{2-10}$$

$$6Fe(OH)_2 + O_2 \longrightarrow 2Fe_3O_4 + 6H_2O \tag{2-11}$$

从上面的一系列反应可以看出，尽管 Cl^{-} 参与了钢筋锈蚀的反应，但并没有被消耗掉，因此可以周而复始地参与这些反应。反应的最终产物 Fe_2O_3 和 Fe_3O_4 疏松、多孔，其产生的体积膨胀会使保护层混凝土极易剥落。因此，钢筋锈蚀不但减少了构件钢筋的受力面积，导致构件承载能力的降低，而且加快了保护层混凝土的剥落，更进一步增加钢筋的暴露面积。

2. Cl^{-} 侵入混凝土的途径

混凝土中 Cl^{-} 的来源主要有两个：一是混入，如掺入含 Cl^{-} 外加剂、使用海砂、施工用水含 Cl^{-}、在含盐环境中拌制、浇注混凝土等；二是由外部渗入，主要指环境中的 Cl^{-} 通过混凝土的宏观、微观缺陷渗入到混凝土中，并到达钢筋表面。其中混入主要是施工管理的问题，而渗入现象则是综合全面的技术问题，与混凝土材料的多孔性、密实性、工程质量、钢筋表面混凝土保护层厚度等有关。

3. Cl^{-} 侵蚀模型

对于钢筋混凝土构件，Cl^{-} 只有通过保护层才能对钢筋起作用。Cl^{-} 在混凝土中的渗透状况直接影响到钢筋锈蚀程度。鉴于混凝土材料的复杂性，目前还没有很成熟的理论，因此是当前耐久性研究的热点之一。尽管 Cl^{-} 的侵蚀是以好几种方式共同作用的，但通常情况下会有一种侵蚀方式占主导地位。如在水下区，渗透和扩散占主导，而在干湿循环区，则毛细管和扩散起主要作用。

4. 影响 Cl^{-} 扩散的因素

影响混凝土中 Cl^{-} 扩散的主要因素可以分为环境因素、材料因素和结构因素。

（1）环境因素。环境因素主要包括 Cl^{-} 浓度、温度等。

1）Cl^{-} 浓度。Cl^{-} 浓度是影响 Cl^{-} 侵蚀的主要原因之一。对于跨海大桥桥墩，按其与海水接触情况可分为四个区域：大气区、浪溅区、潮差区和水下区。尽管沿海地区空气中含有一定量的 Cl^{-}，但与海水中的 Cl^{-} 含量相比是很小的，要使其表面达到最大 Cl^{-} 浓度需要相当长的时间。对于水下区，由于一直处在海水浸泡中，即便混凝土空隙全部被海水填满，其浓度也就在 3% 左右，且由于缺少钢筋锈蚀的氧气，因此不会对耐久性造成很大威胁。而对于浪溅区和潮差区，海水不断地被冲刷到混凝土表面，经过蒸发，水分进入大气中，而盐分却留在了混凝土表面，导致混凝土表面 Cl^{-} 浓度远大于水下区和大气区。靠着内外 Cl^{-} 的浓度差，混凝土内部水分不断向表面运输并蒸发，而外部 Cl^{-} 则不断向内部侵入，大大加快了 Cl^{-} 侵蚀速度。

2）温度。温度对混凝土耐久性有着双重影响，一方面温度升高使混凝土表面水分蒸发过快，导致表面混凝土孔隙率过大，渗透性增加；另一方面，温度升高可以使内部混凝土的水化速度加快，混凝土的致密性增加。但从长远来看，胶凝材料的水化会逐渐停止，而离子的活动却一直存在，因此温度的提高增加了扩散能力。

（2）材料因素。影响混凝土构件扩散系数的材料因素可以分为水灰比、材料选择及配比、施工及养护等。

1）水灰比。水灰比是反映混凝土密实度的一个重要指标，水灰比的大小反映了混凝土抵抗 Cl^- 侵入的能力，一般认为水灰比与扩散系数有着线性关系。

2）矿物掺合料。由于细度相对较小，添加矿物掺合料如粉煤灰、磨细矿渣以及硅灰等，可以填充混凝土内部的孔隙，改善孔结构，增加密实度，从而增强混凝土的抗侵蚀能力。但由于掺合料参与反应相对较晚，会导致混凝土表面保水能力下降。因此，需对高性能混凝土采取更加严格的养护措施以及适当延长养护龄期才能完全发挥其功能。

3）胶凝材料品种。根据水泥水化反应的快慢，可以将水泥的类型分为快强性及普通水泥。对于大体积混凝土，当水泥水化反应过快时，如无恰当措施，水化热会导致内外温差急剧增大，从而引起温度裂缝，为 Cl^- 的侵蚀增加了通道。

4）骨料的品种、粒径及配比。文献研究认为，可以将混凝土分成三部分，即胶凝材料、骨料及胶凝材料与骨料之间的界面。侵蚀物质可以穿过胶凝材料和界面，但不能通过骨料，因此骨料的粒径与配比对 Cl^- 侵蚀有一定的影响。

（3）施工与养护。

1）振捣。对于混凝土构筑物，施工过程中的振捣是保证混凝土密实性的重要举措之一。振捣充分的混凝土能够排除大部分浇筑时产生的空隙。当振捣不充分时，浇筑过程中产生的气泡无法完全排出，将为 Cl^- 的侵蚀提供通道，因此振捣的方式以及振捣时间的长短对 Cl^- 侵蚀有着很大的影响。

2）养护。良好的养护措施和足够的养护天数既能够有效避免保护层混凝土发生开裂，又能够保证更多的水分参与水化反应而不是蒸发掉，从而降低了保护层混凝土孔隙率。

（4）结构与构造。外部作用会导致构件出现应力和应变，使混凝土内部出现损伤裂缝，降低混凝土的抗侵蚀性能。

1）保护层厚度。足够的保护层厚度是降低 Cl^- 侵蚀最有效的措施。研究表明，厚度每增加一倍，则 Cl^- 侵蚀到达钢筋表面的时间就会增加 3 倍。但考虑到混凝土的收缩等，保护层厚度不宜太大。

2）钢筋的选用及布置。钢筋的存在不仅能承受结构的外力作用，而且对混凝土的收缩徐变等起着抑制作用。因此合理选择钢筋的种类和直径，对耐久性有一定影响。

2.3.2　碳化作用

混凝土的碳化是指水泥石中的水化产物与环境中的 CO_2 作用，生成碳酸钙或其他物质的过程。尽管在短期内碳化反应的产物会使混凝土变得密实，但随着碳化的进行，表面混凝土会变得酥软易碎。在高速海水浪潮的冲刷下，表层混凝土极易剥落，从而导致有效保护层厚度降低，因此需要考虑碳化对耐久性能的影响。

1. 碳化反应的机理

普通硅酸盐水泥混凝土中，水泥熟料的主要矿物成分有硅酸三钙、硅酸二钙、铝酸三钙、铁铝酸四钙以及石膏等，其水化产物为氢氧化钙、水化硅酸钙、水化铝酸钙等。充分水化后，混凝土中的孔隙溶液为氢氧化钙饱和溶液，其 pH 值约为 $12 \sim 13$，呈强碱性。在水泥水化过程中，由于化学收缩、自由水蒸发等多种原因，在混凝土内部存在大小不等的毛细管、孔隙、气泡等。大气中的二氧化碳通过这些孔隙向混凝土内部扩散，并与溶液中的氢氧化钙反应，生成碳酸钙。混凝土碳化过程可表示如下：

$$Ca(OH)_2 + H_2CO_3 \longrightarrow CaCO_3 + 2H_2O \qquad (2-12)$$

$$Ca(OH)_2 \longrightarrow Ca^{2+} + 2OH^- (溶液) \qquad (2-13)$$

$$Ca^{2+} + 2OH^- (溶液) + CO_2 \longrightarrow CaCO_3 + H_2O \qquad (2-14)$$

一方面，CO_2 一般在干燥的空隙中传输，在水中 CO_2 的扩散速度很慢，因此，如果孔隙充满水，则 CO_2 的侵入受阻；另一方面，当空隙中干燥无水时，碳化反应无法进行。所以，仅当混凝土处于半湿半干状态时才能发生碳化，处于此种状态的结构最容易因碳化而引起钢筋的锈蚀。

氢氧化钙碳化时，体积会增加约 14%。表面混凝土的碳化既阻塞了表面孔隙，又消耗了氢氧化钙的含量。同时，随着水化反应的进行，内部混凝土更加密实，而 CO_2 必须透过外层已经碳化的混凝土才能进一步碳化。因此，碳化速度会随着时间降低，一般碳化与时间的关系可表示为

$$d = k \cdot t^{\frac{1}{n}} \qquad (2-15)$$

式中　　d——碳化深度，mm；

　　　　k——碳化系数，与环境和材料本身有关；

　　　　t——时间，年；

　　　　n——一般近似地取 2，所以一般 $d = k \cdot \sqrt{t}$；在致密的混凝土中，碳化速度比式（2-15）描述的要低，一般认为 $n > 2$；在不透水的混凝土中，一段时间后，碳化速度基本可以忽略不计。

2. 影响碳化的因素

碳化反应的速度取决于周围环境和构件本身的材料组成。

（1）环境条件对碳化速度的影响。

1）CO_2 浓度。由于碳化反应是一种化学反应，与此有关的物质浓度对碳化速度有很大的影响，CO_2 浓度越高，碳化速度越快。大气中 CO_2 的浓度变化范围在 0.03%（郊区或农村）~0.1%（城市）。随着空气中 CO_2 浓度的增加，碳化的速度也在增加。一般认为碳化速度与 CO_2 浓度的平方成正比。

2）温度。气体的扩散速度及碳化反应受温度影响较大，因此，在其他条件相同的条件下，特别是湿度相同的条件下，随着温度的升高，碳化速度也会随温度的升高而相应加快。

3）湿度。环境湿度对混凝土碳化速度有很大影响，当湿度较小时，混凝土处于较为干燥或含水率较低的状态，即便 CO_2 扩散速度较快，但由于碳化反应所需水分不足，碳

化反应仍较慢。当空气湿度处于 $50\% \sim 80\%$ 之间时，碳化速度较快。湿度进一步增加，CO_2 的扩散速度迅速降低。当湿度较高时，混凝土的含水率较高，阻碍了 CO_2 气体在混凝土中的扩散，故而碳化速度较慢。当混凝土饱水时，CO_2 的扩散速度几乎可以忽略不计，这表示在饱水条件下，碳化基本不会发生。此外，碳化也需要在有水的条件下才能发生，因此，干燥环境条件下，碳化反应可以忽略不计。

（2）材料对碳化速度的影响。

1）水灰比对碳化速度的影响。众所周知，水灰比是决定混凝土孔结构的基本因素，水灰比越大，混凝土内部孔隙率就越大。由于混凝土的碳化是在混凝土内部的气孔和毛细孔中进行的，因此水灰比在一定程度上决定了 CO_2 在混凝土中的扩散速度，水灰比越大，混凝土碳化也就越快。

2）水泥品种对混凝土碳化的影响。由于不同水泥品种水化产生的碱性物质的含量及混凝土的渗透性不同，所以水泥品种对混凝土的碳化速度有一定影响。

3）水泥用量的影响。水泥用量直接决定了碳化反应需要消耗的 CO_2 的量，因此对混凝土碳化有一定影响。混凝土吸收 CO_2 的量取决于水泥用量和混凝土的水化反应。

4）矿物掺合料对碳化的影响。在普通混凝土中，矿物掺合料的加入导致水泥材料用量的减少，从而影响混凝土吸收 CO_2 的能力。另外，由于矿物掺合料参与反应的时间较晚，早期混凝土强度较低，孔结构差，大大加速了混凝土中 CO_2 的扩散速度，从而使碳化加速。

5）混凝土抗压强度对碳化的影响。混凝土的抗压强度是混凝土最基本的性能指标，它与混凝土的水灰比和水泥用量有着非常密切的关系，并在一定程度上反映了水泥品种、水泥用量与水泥强度、骨料、外加剂、施工质量与养护方法等对混凝土品质的影响。混凝土强度越高，其抗碳化能力越强。

6）应力水平对碳化的影响。不同应力水平导致混凝土的孔结构和孔隙率发生变化，从而改变了 CO_2 的扩散路径，因此，不同应力水平状态下的混凝土碳化速度不同。

7）施工质量及养护对碳化的影响。混凝土施工质量对混凝土的品质有很大的影响，混凝土浇筑、振捣不仅影响混凝土的强度，而且直接影响混凝土的密实性，因此，施工质量对混凝土的碳化速度有着很大的影响。实际调查表明，在其他条件相同的情况下，内部有裂缝、蜂窝、孔洞等将增加 CO_2 在混凝土中的扩散路径，使碳化速度加速。

综上所述，混凝土的碳化系数不仅与空气湿度、温度、CO_2 浓度等有关，还与其水灰比、材料选择、养护龄期等相关。

3. 碳化的结果

根据以往的研究成果，碳化作用导致的后果主要如下：

（1）降低混凝土 pH 值，破坏钢筋表面钝化膜。未碳化的混凝土对其内部的钢筋具有良好的保护作用，这是因为混凝土呈强碱性，其 pH 值约为 $12 \sim 13$，而在强碱环境中钢筋表面会形成一层致密的钝化膜，使钢筋处于钝化状态而不被腐蚀。随着碳化的缓慢进行，混凝土孔隙溶液中的 pH 值开始从标准的 $12.5 \sim 13.5$ 降低到完全碳化后的 8.3 左右。而研究表明，当 pH 值降低到 11.5 时，钢筋表面的钝化膜就开始变得不稳定，进而失去对钢筋的保护作用。当 pH 值降低到约 9.8 时，就可以认为钝化膜已被完全破坏，从而达到了碳化锈蚀的临界值。因此，一般将碳化深度到达钢筋表面视为耐久性设计的一个临界点。

（2）使混凝土变脆，容易剥落。CO_2 与混凝土孔隙溶液中的氢氧化钙反应时，体积会增加 14％。因此，在碳化初期，表层混凝土会更加密实，抗压和抗拉强度会有所提高。当混凝土构件服役超过一定龄期后，随着碳化反应的进行，内部混凝土碳化造成的体积膨胀会导致外表层混凝土受到向外的推力，从而使表面混凝土变得疏松，抗压和抗拉强度降低。在海洋环境条件下，浪潮的冲刷会导致碳化严重的混凝土表层剥落，从而导致随着服役年限的增加，保护层厚度逐步降低。

2.3.3 冻融破坏

1. 冻融破坏的机理

当寒冷地区饱和混凝土结构物温度降低到冰点以下时，混凝土毛细孔内的液态水会结冰，由于水结冰时体积会增加 9％左右，从而对混凝土产生膨胀作用。当在阳光的照射下温度开始升高时，冰开始融化。随着夜晚温度的再次降低，冰冻再次发生，产生进一步膨胀。这样的冻融破坏具有累积作用，最后可能使混凝土破坏。

当水在孔隙内刚结成冰时，水被排出空穴，排出的水流受阻后会产生静水压力，这正是混凝土空隙内水分结冰时产生膨胀的原因。一般认为冻融产生的静水压力是饱和混凝土或接近饱和混凝土发生冻融破坏的最重要因素。

2. 冻融破坏的影响因素

混凝土的抗冻性与其内部孔结构、水饱和程度、受冻龄期、混凝土的强度等级等许多因素有关，其中最主要的是孔结构，混凝土的孔结构主要取决于混凝土的水灰比、外添加剂和养护方法等。

（1）水灰比。水灰比直接影响着混凝土的孔隙率及孔结构，随着水灰比的增加，不仅饱和水的开孔总体积增加，而且平均孔径也增加，在冻融过程中产生的冰胀压力和渗透压力就大，因而混凝土的抗冻性必然降低。

（2）含气量。国内外研究表明，掺引气剂的混凝土抗冻耐久性能够得到几倍，甚至十几倍的提高，其主要原因是由引气剂形成的微细孔互不连通。在混凝土受冻初期能使毛细孔中的静水压力减小，从而阻止和抑制混凝土中微小冰体的形成。但是，当引气剂掺量超过一定范围时，混凝土的抗冻性能开始降低，而且，引气剂的掺入会导致混凝土强度的降低。因此，对于有抗冻性要求的混凝土，需要考虑最佳含气量问题。我国水工和港工标准中制定了有抗冻性要求的最佳含气量范围，约为 5％～6％。

（3）混凝土的饱水状态。混凝土的冻害与其孔隙的饱水状态有关。一般认为，含水量小于孔隙总体积的 91.7％，就不会产生冻结膨胀压力，该数值称为极限保水度。在混凝土完全饱水状态下，其冻胀压力最大。

（4）混凝土的受冻龄期。混凝土的抗冻性随其龄期的增长而提高。龄期越长，水泥水化就越充分，混凝土强度越高，抵抗膨胀的能力也就越强。这一点对早期受冻特别重要，因此要特别注意防止混凝土早期受冻。

（5）水泥品种。水泥品种和活性对其水化反应影响很大，混凝土的抗冻性随着水泥活性的增加而提高。普通硅酸盐水泥的抗冻性能优于矿渣硅酸盐水泥和火山灰水泥。

（6）骨料质量。骨料对混凝土抗冻性能的影响主要体现在骨料本身的吸水率和抗冻性。吸水率大的骨料对抗冻性不利。

（7）外加剂。减水剂、引气剂等外加剂均能提高混凝土的抗冻性。引气剂能增加混凝土的含气量，并使气泡均匀；而减水剂则能降低混凝土的水灰比，从而提高混凝土的抗冻性能。当掺入的粉煤灰能保证等强、等含气量时，粉煤灰的存在不会对抗冻性造成不利影响。当掺入的粉煤灰不合格或过量时，会增大混凝土的用水量和孔隙度，降低混凝土强度等级，且对抗冻性也产生不利影响。

2.4　海洋环境中金属材料的防护措施

从腐蚀机理看，可以采取的防腐蚀方法分为三大类：隔离防腐、电化学防腐和本质防腐。防腐蚀的技术历经多年的发展，已趋于成熟，只是在具体应用过程中还存在许多问题。海洋工程防腐蚀的常规方法主要有涂层法、镀层法、阴极保护法、预留腐蚀余量法、选用耐腐蚀的材料等 5 种。

2.4.1　涂层法

涂层法属于隔离防腐，主要适用于海洋大气区和浪溅区，大多数海洋结构物防腐采用此种方法。常用的防腐涂料有环氧沥青、富锌环氧、聚酯类涂层、环氧玻璃钢等，辅助材料为固化剂。其防腐年限为 10～20 年，其保护效率为 80%～90%。

从实施的工艺上来看，采用此种方法对结构表面粗糙度要求较高，一般要通过抛丸处理达到 Sa2.5 级以上。操作时对空气湿度要求较为苛刻，涂料配比及喷涂厚度控制也有相当严格的工艺，因此该方法操作难度较大。

金属热喷涂也是涂层法中的一种，其原理是利用某种形式的热源将金属喷涂材料加热，使之形成熔融状态的微粒，这些微粒在动力的作用下以一定的速度冲击并沉附在基体表面上，形成具有一定特性的金属涂层。可用于金属喷涂的材料较多，如锌、不锈钢等。其中不锈钢涂层具有耐磨损及保护周期长的特点；锌涂层不仅具有覆盖、耐腐蚀作用，更重要的具有阴极保护功能。海上风电场的涂装防腐方法及原理在后面章节中将详细介绍。

2.4.2　镀层法

镀层法也属于隔离防腐，主要用于海洋大气区、浪溅区和潮汐区，多数海洋结构物小的附属部件或连接部件均采用此方法。常用的防腐镀层有镀锌、镀铬等。

从实施工艺角度看，此法可分为热浸镀法和电镀法两种。其中热浸镀工艺是将结构件经过酸洗钝化等表面处理后，整体浸入高温状态的镀层盐溶液槽中，经过一定时间的置换反应，构件表面形成设计厚度的金属保护层。而电镀工艺是采用外加电流进行电解置换的工艺，该方法适用于小型构件的防腐蚀处理。

2.4.3 阴极保护法

阴极保护法属于电化学防腐，分为加电流阴极保护和牺牲阳极阴极保护，前者主要应用的是高硅铸铁阳极材料，被保护物作为阴极，在外加电源的影响下，形成电位差进而阻止腐蚀；后者主要应用的是锌、铝等活性比铁高的铸造阳极材料，焊接在结构物上，主动消耗，形成保护电位差阻止腐蚀。

2.4.4 预留腐蚀余量法

有些环境的介质腐蚀程度不是很高，材料对腐蚀环境不是很敏感，且很难采取常规防腐蚀方法，在这种情况下工程上常采用预留腐蚀余量（又称腐蚀裕量）的方法，在一定范围内主动接受腐蚀。采用这种方法通常需要监测结构物被腐蚀的程度，例如低腐蚀介质的工艺管道内壁的腐蚀，按照设计寿命设计好腐蚀裕量后，一般配装可定期拆卸观察的腐蚀挂片进行腐蚀程度评估，防止介质腐蚀加剧造成不必要的损失。

钢结构的腐蚀裕量的计算公式为

$$\Delta\delta = K[(1-P)t_1 + (t-t_1)] \tag{2-16}$$

式中 K——钢材的单面年腐蚀富裕厚度，必要时可以根据现场实测确定，mm/a；

P——采用阴极保护、涂层保护或阴极保护与涂层联合防腐蚀措施时的保护效率，%；

t_1——采用阴极保护、涂层保护或阴极保护与涂层联合防腐蚀措施时的设计使用年限；

t——被保护钢结构的设计使用年限。

2.4.5 选用耐腐蚀的材料

当以上几种方法均无法解决腐蚀问题时，就需要选取本质防腐的方法，从根本上消除腐蚀介质的影响。一般适用于强腐蚀性介质接触的结构物。

耐腐蚀的钢铁材料通常在普通碳钢的冶炼中加入一定的锰、铬、磷、矾等合金元素，以提高其抗腐蚀的能力，需要在设备设计及制造过程中充分考虑介质的特性。采用这种方法一般都会带来成本的增加，因此工程上在满足技术经济要求的条件下才会选择。

2.5   海洋环境中钢筋混凝土结构的防腐方法

由于海洋苛刻的腐蚀环境，处于海洋环境中的钢筋混凝土结构常因混凝土腐蚀和钢筋锈蚀而过早发生耐久性失效乃至破坏，这些问题带来了巨大的经济损失。如果对海洋环境中的钢筋混凝土工程采取有效的防腐措施，就可以大大地降低因腐蚀而造成的损失。

高质量混凝土和适当保护层厚度是防腐蚀的第一道防线，但是并不能长期保证混凝土的耐久性，避免腐蚀破坏的发生，尤其是在重度腐蚀的海洋环境中，应该采取附加的防腐蚀措施。美国混凝土协会（AIC）确认了四种钢筋混凝土有效保护的附加措施：环氧涂层钢筋、钢筋阻锈剂、阴极保护和钢筋混凝土表面防护涂料。

2.5.1　环氧涂层钢筋

环氧树脂涂层钢筋是在工厂生产条件下，采用静电喷涂方法，将环氧树脂粉末喷涂在普通带肋钢筋和普通光圆钢筋的表面，从而生产出的一种具有涂层的钢筋，涂层厚度一般在 0.15～0.30mm。涂层静电喷涂方法制作步骤：先将普通钢筋表面进行除锈、打毛等处理；然后将其加热到 230℃以上；再将带电的环氧树脂粉末喷射到钢筋表面，由于粉末颗粒带有电荷，便吸附在钢筋表面，并与其熔融结合；经过一定的养护固化后形成一层完整、连续、包裹住整个钢筋表面的环氧树脂薄膜保护层。环氧树脂涂层因其不与酸、碱等反应，具有极高的化学稳定性，并具有延性大、干缩小、与金属表面具有极佳的黏着性的特点，在钢筋表面形成了阻隔其与水分、氧、氯化物或侵蚀性介质接触的物理屏障。同时，还因其具有阻隔钢筋与外界电流接触的功能而被认为是带电离子防腐屏障。因此，环氧树脂涂层钢筋有很好的耐蚀性，但其与混凝土的黏结强度明显降低，适用于处在潮湿环境或侵蚀性介质中的工业与民用房屋、一般构筑物及道路、桥梁、港口、码头等的钢筋混凝土结构中（当用于工业建筑防腐工程时，应与有关专业标准的规定进行核对）。对在施工操作中造成的少量涂层破损，必须及时予以修补。

在钢筋表面制作环氧树脂保护膜，隔离钢筋与腐蚀介质的接触的方法，在美国、日本已大批量应用于工程。若涂层质量控制良好，能够延缓钢筋腐蚀的开始时间，但锈蚀开始后，锈蚀速率会加快，因为在涂层制作过程，喷砂除去了钢筋表面的氧化膜。因此，采用环氧涂层钢筋的不足之处是：①在施工质量控制中无法检测埋入混凝土后钢筋涂层的状况，即无法检测涂层是否在施工过程中受到损伤；②造价较高。目前，我国现行产品标准为 JG 3042—1997《环氧树脂涂层钢筋》。

2.5.2　钢筋阻锈剂

在钢筋与混凝土组成的材料体系中，如加入少量物质能有效地延缓腐蚀发生、降低钢筋的腐蚀速率，则这种物质叫做阻锈剂。与其他混凝土外加剂不同，阻锈剂是通过抑制混凝土与钢筋界面孔溶液中阳极或阴极的电化学腐蚀反应来保护钢筋的，因此，阻锈的一般原理是阻锈剂直接参与界面化学反应，使钢筋表面形成钝化膜，或者在钢筋表面吸附成膜，或者两种机理兼而有之。

阻锈剂能够阻止或延缓氯离子对钢筋钝化薄膜的破坏。采用阻锈剂同时应使用低渗透性混凝土，以防止阻锈剂流失。这是一项新型应用技术，被美国土木工程学会（ACI）确认为是钢筋防护的长期有效措施之一。在日本钢筋阻锈剂主要用于海洋环境的建筑物和开发利用海砂。我国 1998 年修订了 YB/T 9231—98《钢筋阻锈剂使用技术规程》。在海洋工程、油田建设、铁路、立交桥、工业建筑及老工程修复等方面已有较多的成功应用，取得了良好的技术经济效益。

2.5.3　阴极保护

阴极保护是降低钢筋腐蚀速率的有效辅助措施。一般在钢筋腐蚀开始后启用，以降低腐蚀扩展速率。对于新建工程，阴极保护可用于海中、水域或潮湿地下的独立构筑物。采

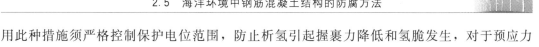

用此种措施须严格控制保护电位范围，防止析氢引起握裹力降低和氢脆发生，对于预应力混凝土更应慎重。

混凝土的阴极保护一般分为外加电流法和牺牲阳极法。国外对新建结构更多采用的是外加电流阴极保护，同时由于桥面板长期有车辆通行，对面板钢筋混凝土的保护一般采用外加电流阴极保护系统。钢筋混凝土外加电流保护系统主要由直流电源、辅助阳极、参比电极和电缆等组成。对系统进行阴极保护设计，首先要了解如下内容：钢筋尺寸及钢筋布置图、混凝土保护层厚度、钢筋及其他混凝土钢筋构件的电连接情况和系统设计使用寿命。欧洲标准对于新结构的保护一般推荐的阴极保护电流密度为 $0.2 \sim 2 mA/m^2$，实际设计中考虑到初期极化电流要求，往往取更高的电流密度值。

目前国际广泛使用的阳极为混合金属氧化物阳极（MMO），即在钛材表面涂覆混合金属氧化物，经高温烧结而成。用在阴极保护中的阳极材料主要分为铱基和钌基两种，相比而言前一种使用寿命更长，后一种价格更便宜。

2.5.4 混凝土表面涂层防护

实践证明，混凝土表面涂层防护是降低钢筋腐蚀速率最简单有效的措施。这种措施不仅可以运用到新建结构，还可以运用到已有建筑的修复中。混凝土表面涂层防护是指将涂料涂敷于混凝土表面，以降低 Cl^-、CO_2 和水的渗透速率。目前，海港码头、跨海大桥以及沿海钢筋混凝土结构常用的涂料主要有环氧涂料、聚氨酯涂料、氯化橡胶涂料、丙烯酸酯涂料、玻璃鳞片涂料、有机硅树脂涂料、氟树脂涂料和聚脲涂料等8种。

1. 环氧涂料

以环氧树脂为主要成膜物质的涂料称为环氧涂料。环氧树脂泛指分子中含有两个或两个以上环氧基团，以脂肪、脂环族或芳香族等为骨架，并能通过环氧基团反应形成热固性高分子低聚物，除个别外，它们的相对分子质量都不高。环氧树脂涂料具有高附着力、高强度、固化方便和优异的防腐性能。正因为这些优点，环氧类涂料常被用作混凝土表面的封闭底漆和中漆。但是因环氧树脂分子中含有醚键，在紫外线照射下易降解断链，所以涂膜的户外耐候性差，易失光和粉化。并且，环氧树脂固化时对温度和湿度的依赖性大，固化后内应力大，涂膜质脆、易开裂，耐热性和耐冲击性都不理想。针对这些缺点，国内外诸多学者对其进行化学改性以提高它的应用性能和应用范围。常见的方法主要是对其分子结构进行改性，研究进展有：①有机硅改性，环氧树脂经过有机硅改性后，内应力降低，耐高温性和柔韧性增加；②橡胶弹性体改性，在环氧分子结构中引入了键能较高、柔韧性好、表面能较低的硅氧键，可使其固化物的韧性和耐热性得到提高；③聚氨酯改性，采用聚氨酯改性的环氧树脂形成半互穿网络聚合物，有效地提高了相容性和稳定性，获得了较高的剪切强度、剥离强度和耐磨耐气蚀性。聚氨酯改性环氧树脂是当今高分子材料开发的热点之一。此外还有液晶聚合物改性、核壳聚合物改性、丙烯酸改性等。

2. 聚氨酯涂料

以聚氨酯树脂为主要成膜物质组成的涂料，称为聚氨酯涂料，通常可以分为双组分聚氨酯涂料和单组分聚氨酯涂料。双组分聚氨酯涂料一般是由含异氰酸酯的预聚物和含羟基的树脂两部分组成，按含羟基的不同可分为丙烯酸聚氨酯、醇酸聚氨酯、环氧聚氨酯等。

单组分是利用混合聚醚进行脱水，加入二异氰酸酯与各种助剂进行环氧改性制成。聚氨酯树脂涂料在应用中具有以下优点：涂层的透水性和透气性小，防腐蚀性能优良；通过调节配合比，涂膜既可以做成刚性涂料，也可以做成柔性涂料；可与多种树脂混合或改性制备成各种特色的防腐蚀涂料；可以在低温潮湿的坏境下固化；具有良好的机械性能、水解稳定性、耐生物污损性和耐温性。由于耐候性优异、装饰性强，聚氨酯涂料是目前常用的一类面漆涂料。

3. 氯化橡胶涂料

氯化橡胶是由天然橡胶经过炼解或异戊二烯橡胶溶于四氯化碳中，通氯气而制得。其耐候性及化学稳定性好，耐酸碱腐蚀性、透水性、阻燃性优异；在潮湿条件下可防霉，因此氯化橡胶常用作防腐面漆。但是氯化橡胶与基材的附着力差，柔韧性、抗冲击性都不理想。同时涂料中的四氯化碳会挥发到空气中而污染大气，这些缺点大大限制了它的发展前景。

4. 丙烯酸酯涂料

丙烯酸酯涂料是用丙烯酸酯或甲基丙烯酸酯单体通过加聚反应生成的聚丙烯酸树脂，主要有热塑性和热固性两大类。热固性树脂是分子链上含有能进一步反应使分子链增长的官能团。这类树脂配制的涂料具有很好的耐化学品性、耐候性和保光保色性，同时也可制备成高固体组分涂料。丙烯酸树脂涂料在使用中具有很好的耐碱性和极强的装饰性，特别适合在铝镁等轻金属上使用，常被用作混凝土结构的面漆。但该涂料还存在一定的缺点，如耐水性差、低温易变脆、高温变黏失强，从而导致该涂料易粘尘、耐污染性差。

5. 玻璃鳞片涂料

玻璃鳞片实际上是一种极薄的玻璃碎片。以玻璃鳞片作为骨架的涂料，能够大幅度延长腐蚀介质的传输路径，从而使涂料具有良好的抗渗透性、耐化学品性及抗老化等性能。同时由于玻璃鳞片的存在，又可有效地抑制涂层龟裂、剥落等现象，使涂层具有优异的附着力和抗冲击性。这类涂料在海洋混凝土工程中常被用作中涂漆，特别适合用于腐蚀严重的海洋和浪溅区的钢构筑物上。但此种涂料也存在一些缺点：在低温条件下，涂层固化速度慢，不能满足施工要求；固化时有二氧化碳放出；用于户外时抗紫外线老化性能较差。

6. 有机硅树脂涂料

含有 Si-C 键的化合物统称为有机硅化合物。习惯上也常把那些通过氧、硫、氮等使有机基与硅原子相连接的化合物当作有机硅化合物。其中，以硅氧键（Si-O）为骨架组成的聚硅氧烷，是有机硅化合物中数量最多，应用最广的一类，约占总用量的 90% 以上。有机硅涂料根据防止水汽入侵的方式不同又可分为防水型和斥水型两类。防水型是通过在基材表面或附近形成一层防水膜而阻止外面水分进入，但同时也阻塞了基材的气孔而不利于基材的透气性；斥水型是使疏水物质附着在基材气孔上而不是阻塞气孔，所以它在阻止外部液体水进入的同时也允许内部水蒸气散出，保证了基材的透气性。有机硅类涂料的优点是：耐温度变化；优良的消泡性、与其他物质的隔离性、润滑性以及良好的成膜性；透气性和保色性优良。含有机硅树脂的溶液，具有很强的渗透性和憎水性，因此有机硅类涂料常用作防水材料。但是，有机硅防护涂料也存在一些问题：①涂料的挥发性；②应用部位的限制，一般渗透型有机硅表面防护涂料只能用于大气环境，而不能用于水下结构；③成本较高，渗透型有机硅防护涂料很多都是100％固含量，价格昂贵，仅施工中的合理损耗就是很大的损失；④现场质量控制与检测，目前均不能运用无损检测技术对其防水效果抗氯离子渗透性等进行现场测量。

7. 氟树脂涂料

氟树脂涂料是以氟烯烃聚合物或氟烯烃与其他单体为主要成膜物质的涂料，又称氟碳涂料、有机氟树脂涂料、氟碳漆。氟树脂涂料具有超强的耐候性、突出的耐腐蚀性、优异的耐化学药品性、良好的耐沾污性和裂缝追随性。其优异的性能是由于氟树脂分子中的氟原子半径较小，电负性高，它与碳原子间形成的 C－F 键极短，键能高达 485.6kJ/mol，因此分子结构稳定。由于碳氟原子之间是由比紫外线能量还高的键相连，所以受紫外线照射后不易断裂。在其分子链中，每一个 C－C 键都被螺旋式三维排列的氟原子紧紧包围着，这种特殊结构能保护其免受紫外线、热或其他介质的侵害。这类涂料涂膜表面坚硬而柔韧，具有高装饰性，手感光滑，易于用水冲洗保洁，涂膜还具有防霉阻燃的特点，因此是海洋环境钢筋混凝土结构涂料面漆的首选之一。现在常用的氟乙烯-乙烯基醚共聚物涂料（FEVE）是以三氟聚乙烯和四氟乙烯为含氟单体，通过与烷基乙烯基醚和烷基乙烯基酯共聚，同时引入含有羧基和羟基等功能性基团化合物的方法合成。它不但具有传统氟碳涂料优异的耐候、耐粘、防腐等特性，而且还具备高装饰性和易施工性，已经广泛应用于建筑、机械、电子等行业。同时由于含氟聚合物能够满足防污的要求，防止海洋生物的附着，在海洋建筑物中的应用具有广阔的前景。

8. 聚脲涂料

喷涂聚脲是由异氰酸酯组分（简称 A 组分）与氨基化合物组分（简称 R 组分）反应生成的一种弹性体物质。喷涂聚脲弹性体（Spray Polyurea Elastomer，SPUA）是近年来兴起的一种新型环保多功能防护材料，其与传统聚氨酯弹性体涂料喷涂技术相比的优点是：高强度；高弹性；干燥快；对湿气不敏感；施工环境适应性强，立面厚膜不流挂；优异的力学性能和耐腐蚀性能；涂膜固化迅速；可在任意曲面、斜面、垂直面及顶面连续喷涂成型；5s 凝胶，1min 后便可达到步行强度；一次成型的厚度不受限制，克服了多次施工的弊端；原形再现性好，无接缝，美观实用等。SPUA 既可以直接使用也可以作为面漆使用，其独特的优点特别适合在一些工期要求紧或抢修工程中使用。新建的青岛海湾大桥就采用了 SPUA 技术。但由于固化快，渗透性不太好，直接喷涂于混凝土表面附着力不理想，常会采用环氧封闭底漆打底。

参 考 文 献

[1] 高东光. 跨海桥梁和滨海公路水文与防腐 [M]. 北京：人民交通出版社，2012.

[2] 康莉萍，孙丛涛，牛荻涛. 海洋环境混凝土防腐涂料研究及发展趋势 [J]. 混凝土，2013，4（282）：52 - 54.

[3] 陈肇元，刘西拉，赵国藩，等. 混凝土结构耐久性设计与施工指南 [M]. 北京：中国建筑工业出版社，2004.

[4] 张金昌. 环氧树脂改性及其涂层性能研究 [D]. 山东：山东大学，2011：5 - 8.

［5］　范波波 . 建筑混凝土用防腐蚀氟碳树脂涂料的制备及涂层性能研究［D］. 河北：河北工业大学，
　　　　2008：4－5.

［6］　孙志高 . 青岛海湾大桥混凝土防护用新型聚脲材料性能研究［D］. 山东：青岛理工大学，
　　　　2010：80.

［7］　夏兰廷，黄桂桥，张三平，等 . 金属材料的海洋腐蚀与防护［M］. 北京：冶金工业出版社，2003.

第3章 海上风电场的涂装防护与防腐涂料

防腐系统应根据构件设备的环境条件、结构部位、使用年限、施工和维护的可能性等因素确定。对于海洋工程建设中的大型钢铁结构，传统的防腐措施明显已不能满足此种超重防腐的要求。出于安全、可靠和节能等方面的考虑，需要一种长效的防护方法，使其在20~30年内无需进行维护。大量成功的应用实例表明，采用重防腐复合涂装体系可以达到这种要求。各国对此都十分重视，投入大量的人力和物力竞相开发多重复合涂装体系，使各类涂层扬长避短，综合利用其防腐性能优势。但是，由于海洋环境的复杂性，海洋环境中钢结构的腐蚀过程非常复杂，不同的环境条件和暴露条件下有着不同的腐蚀规律，故需针对其结构特点与服役要求选择相应的防腐保护技术措施。使用最为广泛和最有效的风电场保护方法就是涂层保护。涂层是涂料一次施涂所得到的固态连续膜，这层连续膜在风电设施和外界环境之间形成一个屏障，达到隔离防腐的目的。此即本章所介绍的海上风电场的涂装防护。

尽管海上风电场的防腐可以在很大程度上参考海洋平台现有的防腐经验，但是两者之间也有不同。海上风电场是无人居住的，并且严格限制人员的接近。海洋平台上的防腐涂层更容易进行有计划的检查和维修，而海上风电场很难做到这一点。因此，海上风电场的防腐涂装，从防腐涂料的选择到涂装工艺，要求更为严格。

3.1 防腐涂料的选择依据

由于海上环境极其复杂，大风、高盐以及紫外线等对海上风电场的防护涂料构成了严峻的挑战。综合考虑环境、施工和性能，海上风电机组防腐蚀涂料的性能应满足以下规定：①优先选择施工方便，能用普通涂装设备进行施工的涂料体系；②结构长期处于海水浸泡或海水湿润、雨水冲刷等工作环境，宜采用耐海水、耐水性能优异的涂层体系；③由于暴露在海洋恶劣的环境中，宜采用耐紫外线、抗粉化性能好、耐老化的涂层体系；④处于海上的风电设备，昼夜温差明显，选用涂料应具有良好的耐冷热交替性。

3.2 涂层防腐性能的影响因素

3.2.1 水、氧和离子对漆膜的透过速度的影响

水的透过速度远远大于离子，氧的透过比较复杂，与温度关系很大。水和氧透过漆膜后可在金属表面形成腐蚀电池。当成膜物结构中分子有较多的官能团时，漆膜的结构致密且气孔少，并且在成膜过程中能彼此反应，形成交联密度高的网状立体结构，从而增强涂

料的防腐蚀性能。漆膜的物理机械性能在很大程度上影响到防腐蚀涂料的防腐效果，它们与成膜物的相对分子质量、链节、侧链基团的连接等有关。

3.2.2 涂料成膜物质的影响

防腐蚀涂料的成膜物质在腐蚀介质中具有化学稳定性，主要是看它在干膜条件下是否易与腐蚀介质发生反应或在介质中分解成小分子。无论从电化学腐蚀还是从单纯的隔离作用考虑，防腐蚀涂料的屏蔽作用都很重要，而漆膜的屏蔽性取决于其成膜物的结构气孔和涂层的致密性能。

3.2.3 颜料的影响

涂料中着色颜料起着色作用；体质颜料则用来调节漆膜的机械性能或涂料的流动性。对于防腐蚀涂料，除了上述两种颜料外，还加有以防腐蚀为目的的颜料：一类是利用其化学性能抑制金属腐蚀的防锈颜料；另一类是片状颜料，通过物理作用提高涂层的屏蔽性。片状颜料在涂层中能屏蔽水、氧和离子等腐蚀因子，切断涂层中的毛细孔。互相平行交叠的鳞片在涂层中起到了迷宫效应，延长腐蚀介质渗入的途径，从而提高涂层的防腐蚀能力。主要的片状颜料有云母粉、铝粉、云母氧化铁、玻璃鳞片、不锈钢鳞片等。

3.3　涂　装　工　艺

3.3.1　前处理

根据 ISO 12944—4《表面类型和表面处理》的规定进行涂漆部件的表面准备工作。在开始涂漆工作之前，表面必须正确准备，并在表面准备好后立即涂第一层。

（1）准备工艺。全部机械准备工作（去飞边毛刺，边缘倒角等）必须在喷抛清理之前完成。如果没有其他特殊要求，必须清除所有的飞溅和焊渣。所有的表面必须打砂清理干净，同时焊缝必须以正确的方式处理，并按照规范要求进行涂漆。

（2）准备步骤——打砂清理和粗糙度。必须使用适当的溶剂或者清洁材料除去残余的油、脂或者含有硅酮的物质。盐、灰尘和其他污染物必须用高压清洁剂和清水去除。喷砂除锈等级应达到 ISO 8501—1：1988 的 Sa3 级；对于分段相接处和喷砂达不到的部位，采用动力工具机械打磨除锈，达到 ISO 8501—1：1988 中的 St3 级，露出金属光泽，涂漆表面必须达到 Sa3 的处理等级，平均粗糙度要达到 Rugotest No. 3 的 BN11b。必须使用 ISO 12944—4、ISO 8501—1、ISO 8503—1 和 ISO 8503—2 规定的锐边金属喷丸"介质（G）"进行清理，表面粗糙度 Rz 必须至少有 $85\mu m$。（或者采用国家标准处理：喷砂所用的磨料应符合 YB/T 5149—1993《铸钢丸》、YB/T 5150—1993《铸钢砂》的标准规定。建议使用钢砂、钢丸。金属砂最好的棱角砂与钢丸混合使用，混合比例为 30%、70%，棱角砂的规格为 G25、G40，钢丸的规格为 S330，可以用非金属磨料，但不允许用海砂、河砂，建议使用铜矿砂或金刚砂。粒度为 16～30 目，磨料硬度必须在 40～50Rc 之间）完成打砂清理后，必须除去所有的打砂残留物并从打砂表面上彻底除去灰尘。

（3）预涂和喷漆。首先用圆刷子对边、角、焊缝进行刷涂，并对无气喷涂难以接近的部位进行预涂，然后采用无气喷涂进行施涂。

除非另行商定，油漆制造厂的技术产品参数表给出的资料也适用于表面准备的类型和质量要求（如清洁度，粗糙度等），但要以书面形式通知用户。

塔筒及其他风机设施的表面处理情况直接影响到漆膜的附着力和涂层的质量。在涂装防腐层前，应对风机设施表面进行除油、除锈预处理，并应进行喷砂或抛光处理，使风机设施表面质量达到 ISO 12944 中的 Sa2.5 级标准，表面粗糙度为 $35\sim75\mu m$。风机设施表面的氧化皮、锈和外来物被彻底去除。风机设施表面的焊缝采用电动（气动）砂磨机进行处理。首先使用砂盘清除焊缝外部较大的焊渣，再使用钢丝轮盘清除砂盘无法触及的焊缝内部的杂质和锈渍，同时，焊缝中的金属锐角边均应打磨成较圆滑的弧角边。

3.3.2 涂覆工艺

（1）刷涂。刷涂是最简单的手工涂装方式，漆刷有扁刷、圆刷、弯头刷等。它的优点是渗透性强，可以深入到细孔、缝隙中，主要用于小面积的涂装。对于喷涂达到或厚度难以保证的地方，往往用它来做预涂。对于干性或流动性差的涂料，不适合用刷涂。刷涂的缺点是劳动强度大、生产效率低、涂膜易产生刷痕。

（2）辊涂。辊涂是指圆柱形辊刷沾附涂料后，借助辊刷在被涂物的表面滚动进行涂装。辊涂适合于大面积的涂装，可以代替刷涂，比刷涂的效率高 1 倍，但对窄小的被涂物，以及棱角、圆孔等形状复杂的部位的涂装比较困难。辊刷按照形状可以分为通用型、特殊型和压送式（自动向辊刷供给涂料）。

（3）空气喷涂。空气喷涂原理是利用压缩空气从空气帽的中心孔喷出，在涂料喷嘴前端形成负压区，使涂料从容器枪口喷出，并迅速进入高速压缩空气流，使液—气相急速扩散形成雾状，喷涂在表面得到均匀涂层。它的涂装效率比刷涂和辊涂高得多，适应性强，几乎不受涂料品种和被涂物形状的限制，可适应于各种作业场所。涂膜平整光滑，可达到很好的装饰性。但涂雾飞散，涂装小件或风大时，涂料浪费很大。为了降低涂料黏度而易于喷涂，往往要添加一定量的稀释剂。对于高黏度涂料，采用空气喷涂不太适合。

空气喷涂的雾化涂料方式有外混式和内混式两种。两者都是借助压缩空气的急剧膨胀与扩散作用，使涂料雾化。但是由于雾化方式不同，其用途也不尽相同，使用中多为外混式。

（4）高压无气喷涂。高压无气喷涂是利用高压泵，对涂料施加 $10\sim25MPa$ 的高压，以约 $100m/s$ 的高速从喷枪小孔中喷出，与空气发生激烈冲击，雾化并射在被涂物上。由于雾化不用压缩空气，故又称之为无气喷涂。无气喷涂具有涂装效率高，可喷涂高固体含量、厚浆型涂料，涂层质量好，不必添加额外稀释剂，便于自动化作业等优点。

3.4 电弧喷涂技术及其应用

自 20 世纪 80 年代以来，电弧喷涂技术由于涂层质量好、生产效率高、操作简单、经济节能等优点而得以快速发展。作为一种优质、高效、低成本的热喷涂方法，电弧喷涂防护涂层技术被公认为当前最经济有效的大型及重要钢结构的长效防腐方法。近年来，被广泛地用来制备保护性涂层，常见的喷涂材料有纯 Zn、纯 Al 及 Zn-Al 合金涂层。

3.4.1　电弧喷涂的技术优势

钢结构防腐常用的方法有：

（1）油漆涂层防护。

（2）阴极保护法。

（3）环境控制降低大气湿度法。

（4）金属涂层保护，如热浸镀法、电镀法和热喷涂锌铝复合涂层法等，其中电弧喷涂技术是实际应用工程中最普遍使用的一种热喷涂方法。

采用传统的防锈漆涂装，防锈漆膜不能彻底阻止空气中的水和氧气浸透，并且高分子涂漆材料存在"老化现象"，因而导致漆层产生裂纹、鼓泡和粉化。一旦漆层出现裂纹、剥块，钢结构表面会很快被腐蚀并迅速蔓延。普通防锈漆涂装防腐体系有效保护期较短，即使使用最新的价格昂贵的进口油漆涂装防护，油漆膜厚度大于 $200\mu m$，其理论防护寿命也不超过 20 年，而且必须经常进行维护。

采用阴极保护法或环境控制降低大气湿度法，均需要专门的检测控制装置，需长期维护，维护费用高。

采用热浸镀法和电镀法不仅成本高、效率低、污染严重，而且钢结构尺寸受镀槽限制，不适用于大型钢结构。

采用热喷涂锌铝复合涂层法不受构件尺寸限制，工艺简便灵活，而且电弧喷涂锌铝很好地解决了雾化问题。其喷涂温度高、速度快、结合强度高、生产效率高、防腐效果较好。

总体而言，电弧喷涂锌铝复合涂层防腐工艺较为先进、可靠。

3.4.2　电弧喷涂的原理及特点

自 1913 年瑞士工学博士 M. U. Schoop 提出电弧喷涂的设计方案后，1916 年研制成功了实用型的电弧喷枪，到 20 世纪 30 年代电弧喷涂得到了发展，主要用于设备旧件的修复和钢铁构件防腐用喷锌、喷铝。早在 20 世纪 50 年代，电弧喷涂已在很多国家得到应用，并传入我国。60 年代初，我国研制成功封闭喷嘴固定式喷枪，主要用于旧件修复。60 年代中期至 70 年代，由于技术水平及其他历史原因的限制，其在不同地区发展很不平衡。从 80 年代开始电弧喷涂技术的研究和应用有了长足进展，成为热喷涂领域非常活跃并备受重视的技术之一。世界各国都密切关注电弧喷涂设备及工艺的新进展，并争相投入到它的研究开发中。

（1）电弧喷涂技术的原理。电弧喷涂是将两根被喷涂的金属丝作为自耗性电极，利用两根金属丝端部短路产生的电弧使丝材熔化，用压缩气体把已熔化的金属雾化呈微熔滴，并使其加速，以很高的速度沉积到基体表面形成涂层的热喷涂方法。其工作原理如图 3-1 所示。

喷涂时，两根金属丝材在送丝装置连续均匀推动（或拉动）下，分别送进电弧喷枪中的导电嘴，导电嘴分别接入电源的正负极并保证两根丝材在未接触前要绝缘。当两根金属丝材端部在喷枪内的送进过程中相互接触时，会发生短路而产生电弧，电弧的热量使丝材端部瞬间熔化形成液滴，并在压缩空气的作用下，高度雾化，以极高的速度喷射至工件表面形成电弧喷涂层。

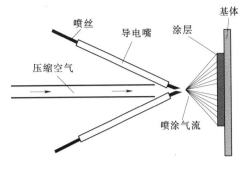

图3-1 电弧喷涂原理示意图

（2）电弧喷涂技术的特点。电弧喷涂技术，可以在不提高工件温度、不使用贵重底层材料的情况下获得高的结合强度（结合强度大于20MPa）。该技术能源利用率显著高于其他喷涂方法，另外由于不用氧气、乙炔等易燃气体，安全性高。同其他热喷涂方法相比，电弧喷涂技术具有以下优点：

1）生产效率高。电弧喷涂的生产效率和喷涂电流成正比，当喷涂电流为300A时，每小时可喷涂30kg锌丝或15kg钢丝，单机生产效率是火焰喷涂的3～4倍，涂层性能稳定。

2）结合强度高。电弧喷涂温度高，粒子动能大，涂层与金属基体的结合力高，是火焰喷涂的3倍以上，抗冲击性能较高。

3）能源利用率高，能耗少。电弧直接作用在喷涂金属的端部熔化金属，能源利用率可达90%，是所有热喷涂方法中能源利用最充分的一种。

4）设备价格低，效益高。设备投资低，维护简单，经济效益好，涂层性价比在所有长效防腐方法中最优，具有较强的竞争性。

5）制备伪合金涂层方便。电弧喷涂只需两根不同成分的金属丝，就可以制备出伪合金涂层，以获得独特的综合性能。

6）阴极保护作用佳。电弧喷涂防腐涂层耐腐蚀寿命长达30年以上，一次防腐处理可保钢结构件经久不腐。

3.4.3 电弧喷涂的应用

Zn、Al和Zn-Al合金是最常用的电弧喷涂材料，此类材料已广泛应用于钢结构件在苛刻环境条件下的腐蚀保护。它们除了具有隔离基材与大气接触的屏蔽作用外，还具有阴极保护作用。

Zn涂层在钢表面形成的电极电位低于钢铁金属层，当表面有电解质液构成腐蚀电池时，其电源电流从涂层流向钢铁基体，结果涂层受到腐蚀而基体受到阴极保护作用。锌的标准电极电位（相对于饱和甘汞电极）为-0.763V，铁的标准电极电位为-0.440V。铁—锌组合成腐蚀电池时，锌为阳极而发生锌溶解（$Zn \longrightarrow Zn^{2+} + 2e^-$），将电子供给铁，使铁免受腐蚀。虽然锌是一种较活泼的金属，但在中性介质中锌为钝态，耐蚀性良好；在pH值为6～12范围内腐蚀量也很小，这是由于锌能够在其表面生成一层保护性的氧化膜，在一般大气环境中具有很好的耐腐蚀性。

同理，由于Al涂层的钝化作用，熔融的铝在雾化喷出的过程中，其表面会形成一层

致密的 Al_2O_3 薄膜，这种薄膜非常稳定，阻隔了 O_2 和 H_2O 与铁的接触，具有可靠的屏蔽作用，在复杂的环境中均不溶解，也很少有退化现象。

Zn 涂层具有电化学活性的优点，对钢铁基体能够提供有效的阴极保护。但其腐蚀产物的溶解造成 Zn 涂层的腐蚀率较高，使涂层消耗很快。与 Zn 涂层相比，Al 涂层的缺点是对钢铁材料的动态电化学保护效果远不如前者，但 Al 涂层具有生成钝化膜的优点，从而使均匀腐蚀速度大大降低。另外，由于喷 Al 涂层组织是由许多保护性的氧化物薄层包覆的片状物组成，作为堡垒涂层，它对点蚀和机械损伤比较敏感。

自 20 世纪六七十年代，Zn-Al 合金丝材喷涂主要集中在 Zn-15wt％Al 合金上，因为当 Al 含量大于 15％时，材料变硬变脆致使合金丝的加工非常困难，所以大部分研究采用的 Zn-Al 合金都为 Zn-15wt％Al 合金。Zn-Al 合金涂层是以锌铝合金形态制取兼具纯 Zn、纯 Al 涂层的优异性能、又能互补各自技术缺陷的一种新型的耐环境腐蚀的复合涂层。由于电弧喷涂是一种动态、非平衡的快速冶金过程，粉芯丝材在两电极上熔化的不对称性，丝材外皮和粉芯成分的不同性，以及外皮和粉芯熔化的不同时性，致使形成的熔滴尺寸以及熔滴内部的合金化严重不均匀，在凝固和冷却过程中形成多种形态的组织。这种组织特征在一定程度上对 Zn-Al 合金涂层的耐蚀性产生了有利的影响，因为富 Zn 相和富 Al 相交替存在，协同发挥了 Zn 的牺牲保护作用和 Al 的钝化保护作用，再加上涂层的屏蔽作用，使其具有良好的耐蚀性能。

3.5　重防腐涂料涂装技术

常规的涂层涂料已不能满足现代海上风电场的防腐要求。现代海上风电场和其他海洋工程多采用重防腐涂料，它一般是指在苛刻的腐蚀环境中使用的涂料，与常规涂层比其使用寿命更长，可适应更苛刻的环境。重防腐涂料的概念出现于 20 世纪 60 年代，目前应用最广泛的防腐蚀方法是防腐蚀涂料保护，其主要优点是：品种多，能适应多种用途；涂装工艺方便；颜色齐全，能满足不同工程规范的要求；涂料成本和施工费用低于其他防腐蚀措施，不需要贵重的仪器设备。这些优点促进了涂料行业的发展，现代工业工程技术，尤其是化学工程与海洋工程的发展，催生了重防腐涂料并使其在更多领域和更高水平得以应用。

3.5.1　重防腐涂料的特点

20 世纪中叶，一系列合成高聚物的出现从根本上改变了防腐涂料的品种和性能。同时，金属腐蚀与防护理论的发展、各种辅助材料和助剂的配套作用、各种涂层性能检测仪器的出现以及机械除锈表面处理的应用，使防腐涂料得到了重大的发展，并且金属材料和混凝土材料等在工程上的应用进入了一个新阶段。在这种背景下，以往的防腐涂料很难适应这种变化趋势，60 年代出现了重防腐涂料的概念。在海洋环境的恶劣条件下，重防腐涂料一般可使用 10 年以上；在一定温度的酸、碱、盐和溶剂介质的腐蚀条件下，一般能使用 5 年以上。重防腐涂料的应用涉及现代工业各领域，如：重要的能源工业、现代化的交通运输、新兴的海洋工程、大型的工矿企业等。

重防腐涂料除了具有在严酷腐蚀环境下应用和长寿命的特点外，还具有以下不同于一般防腐涂料的特点：

（1）厚膜化。厚膜化是重防腐涂料的重要标志，常用防腐涂料的涂层干膜厚度一般为 $100\mu m$ 或 $150\mu m$ 以上，而重防腐涂料干膜厚度一般要在 $200\mu m$ 或 $300\mu m$ 以上，厚者甚至可达 $2000\mu m$。涂膜的厚度为涂料的长效寿命提供了可靠的保证。

（2）高性能。高性能的合成树脂和颜料、填料是重防腐涂料发展的关键，也是达到恶劣环境下长效的必要条件。重防腐涂料对主要成膜物质和颜料、填料都有很高的要求：对金属基体有良好附着力和物理机械性能；对各种介质有良好的耐蚀性；有效抵抗各种介质对涂层的渗透；能在各种条件下施工并达到对涂层厚度和涂层结构的设计要求。

（3）基体表面处理要求高。为了达到理想的效果，重防腐涂料必须与金属基体的严格表面处理相结合，两者缺一不可。涂层寿命诸因素的首要条件是表面处理的好坏。不但要形成一个清洁的表面，以消除金属内部腐蚀的隐患，而且还要使该表面粗糙度适当，增加涂层与基体间的附着力。

（4）正确的施工和维修管理。这是实现重防腐涂料设计规程和目标的重要环节。重防腐涂料的发展与现代工业技术的综合发展是密切相关的，涉及到技术发展的很多方面，诸如：金属与非金属材料腐蚀与防护机理、表面处理技术、防锈颜料、填料和高效助剂的开发和应用以及施工、维修和现代检测技术等方面。从这个意义上说，重防腐涂料的发展水平也标志着一个国家的工业技术发展水平。

现代工业技术的发展不仅为重防腐涂料的发展提供了更好的技术物质条件，也为其提供了更为广阔的市场。从陆地到海洋、从空间到地下、从传统工业到新兴工业都为重防腐涂料提供了越来越多的应用舞台，这些都将使重防腐涂料在更多领域和更高水平上逐步趋向完善和成熟，从而取代一般的防腐涂料。

3.5.2　重防腐涂料防护机理

多年来人们一直认为涂料防腐蚀的机理是能在金属表面形成一层屏蔽涂层，阻止水和氧与金属表面直接接触。大量研究表明，涂层不可能达到完全的屏蔽作用，它总有一定的透气性和渗水性。因此，有研究者认为涂料防腐的机理是：聚合物的某些基团吸附在金属表面，阻止了其与水的接触；如果水和氧对涂层的渗透性小，能进一步提高其防腐蚀性能。

涂料的防腐作用主要体现在屏蔽作用、缓蚀作用、阴极保护作用三个方面，具体如下：

（1）屏蔽作用。当工件表面涂有涂层时，涂层使工件与腐蚀介质隔开，腐蚀介质不能直接接触被涂工件，起到屏蔽作用。水和氧的分子直径通常只有几个埃，但是一般的涂层结构气孔的平均直径为 $1\times10^{-5}\sim1\times10^{-7}cm$，具有一定的透气性。所以，当涂层很薄时，水和氧分子是可以自由通过的。这样的涂层不能阻止或减缓腐蚀过程的进行。

涂膜不仅要具有低透水性、透氧性、透离子性，而且要具备良好的抗湿附着力。金属在水溶液中腐蚀时，阳极释放电子的氧化过程与获得电子的还原过程是在同一金属表面进行的。良好的抗湿附着力使涂层代替了金属表面离子对迁的水溶液介质，从而有效地防止了腐蚀产物的形成。同时，阳极区生成的阳离子与阴极区生成的阴离子在浓差推动下对向扩散，形成腐蚀产物。涂膜的屏蔽机理限制了这些阳离子、阴离子的形成。

（2）缓蚀作用。活性颜料在涂膜中既起屏蔽作用也起电化学保护作用，利用涂膜中的活性颜料对腐蚀反应进行干扰破坏，从而达到保护涂膜的目的。活性颜料在水中有一定的溶解度，溶解在渗水中所形成的颜料溶液进入到金属或涂膜界面后，开始对金属进行持久的阴极保护，颜料反应后形成的复合产物体积比原颜料体积大，堵塞了涂膜缝隙，从而减缓了水的进一步浸透。片层状颜料可以延长水分子的扩散途径，减小涂膜透水性，有效的屏蔽效应与颜料粒径及颜料体系浓度/颜料临界体积浓度之比值有关。涂层中的缓蚀性颜料可以在侵蚀性粒子到达金属涂层界面时起到抑制基体腐蚀的作用。

（3）阴极保护作用。当腐蚀介质透过涂层，接触到基体金属表面时，就会发生膜下的电化学腐蚀。如果在涂料中加入活性比基体金属高的金属粉末作填料，就会起到牺牲阳极的保护作用。即使涂层有破损，对裸露金属的保护也比缓蚀作用可靠。对于富锌涂料，其中所含的金属锌的电极电位要比被其保护的金属更低，在腐蚀电池中起到牺牲阳极的阴极保护作用。

3.5.3　重防腐涂料的种类

重防腐涂层对涂料有非常严格的要求：①涂料必须能在恶劣腐蚀环境下应用并具有长期的使用寿命，在海洋环境里重防腐涂料要求使用 10～15 年以上，在酸碱盐和溶剂介质里和一定温度的腐蚀条件下，一般应能使用 5 年以上；②涂料的厚膜化，重防腐涂料干膜厚度一般要在 200μm 或 300μm 以上，厚者可达 500～1000μm，甚至 2000μm 以上；③主要成膜物质为高性能的合成树脂，如环氧树脂、聚苯硫醚树脂、氯化聚醚树脂、高度耐蚀不饱和聚酯树脂、酚醛和呋喃树脂等，其中应用最多、范围最广的是环氧树脂；④涂料要便于施工和维修管理。

目前在风电机组防腐蚀方面常用的重防腐涂料主要有锌类防腐涂料和厚浆型防腐涂料两类。

作为底漆的锌类防腐涂料，如富锌涂料，其在涂料体系中主要是以富锌底漆的形式用于各种钢铁结构的防腐，因其配方中富含大量的电化学防锈颜料——锌粉，故被称为富锌涂料。富锌涂料漆膜坚硬、附着力好、防锈能力强，具有优异的三防性能和抗氧化防腐蚀性能，以及优良的阴极保护作用和导静电作用，对焊接性能无不良影响，可与大部分涂料配套使用，已经成为钢铁等黑色金属防腐应用领域中最普遍、最重要的底漆，在大气和海洋防腐领域中应用效果较好。只有被涂材质处于酸碱腐蚀的介质环境下，由于这些介质渗透进去易与锌粉发生反应而生成氢气，只好采用其他防锈底漆。富锌底漆在生产和应用方面可分为两大类，即以硅酸盐等无机物为黏结剂的无机富锌底漆和以环氧树脂为黏结剂的有机富锌底漆。在用于防腐领域时，它们都必须满足以下配套要求：①由于底漆中的锌粉要同钢铁紧密接触才能发挥其电化学保护作用，因此对基体表面的前处理要求非常严格，被涂底材必须进行喷砂处理才能保证其施工质量；②富锌底漆漆膜通常较薄，并易受外部环境介质的影响，故一般不单独使用，必须配以适当的中间漆和面漆，并达到规定的漆膜厚度。

作为中间漆的厚浆型防腐涂料,进一步隔断了腐蚀介质对基材的侵蚀,这类涂料直接涂装在底漆上并与其配套使用,主要有环氧系的环氧厚浆防腐涂料、环氧厚浆漆,还有玻璃鳞片防腐蚀涂料,如环氧玻璃鳞片涂料。厚浆型防腐蚀涂料为永久性防腐防水材料,具有适用范围广、寿命长、耐候性、抗变形、拉伸强度高、延伸率大、适应性强、抗酸性和抗碱性等特点。厚浆型防腐涂料防腐防水性能优越,并且在任何复杂部位都容易施工,解决了传统防腐防水材料的部分缺点,如涂料立面下滑、卷材空鼓,以及复杂部分操作难的问题。它完全取代了传统防腐防水材料,有着比之更好的防腐、防水、绝缘性。它作为面漆,一般采用改性聚氨酯类,如丙烯酸改性聚氨酯涂料等,还采用含氟树脂的氟碳涂料、聚硅氧烷涂料等。

风电机组重防腐涂料具体如下:

(1)有机富锌涂料。有机富锌涂料常用环氧树脂、氯化橡胶、乙烯基树脂和聚氨酯树脂作为成膜基料。最为常用的是环氧富锌涂料,其中聚酰胺固化环氧富锌底漆是有机富锌底漆中应用最多的品种。有机富锌涂料的有机成膜物导电性能差,必须增加锌粉含量以保证导电性,美国钢结构涂装协会 SSPC Paint—20 中规定有机富锌涂料锌粉占干膜质量不少于 77%,无机富锌涂料锌粉占干膜质量不少于 74%。此外,有机富锌涂料的黏结性优于无机富锌涂料,为高含量锌粉附着提供了更好的保证;防锈性能、导电性、耐热性、耐溶剂性不如无机富锌涂料,但施工性能好,对钢材表面的处理质量容忍度较大。同时环氧富锌底漆与大多数涂料可以兼容,且配套涂层之间有着协同作用,使配套涂层的寿命较单独使用时提高 1.5~2.4 倍。冷涂锌涂料是近年来新出现的一个涂料品种,主要用于代替热镀锌或热镀锌施工较困难的情况。它是由锌粉、有机树脂和溶剂组成的,因此应该划分为有机富锌涂料,此涂料的特点是锌粉含量高,能达到良好的防腐蚀效果。

(2)无机富锌涂料。无机富锌涂料有溶剂型和水性两类。溶剂型无机富锌涂料是以正硅酸乙酯为基料,因为正硅酸乙酯可以溶于有机溶剂,喷涂后,在溶剂挥发的同时正硅酸乙酯中的烷氧基吸收空气中的水分并发生水解反应,交联固化成高分子硅氧烷聚合物,也就是硅酸乙酯水解缩聚,形成网状高聚物涂膜的过程。水性无机富锌涂料是由水性无机硅酸盐(钠、钾、锂)树脂、锌粉、助剂组成的双组分涂料。现在也开发出磷酸盐类的富锌涂料,水性无机富锌涂料的发展已经有 50 多年的历史,该产品最早是由美国航空航天总署(NASA)研发出来的,作为太平洋小岛的卫星接收站的防锈用。水性无机富锌涂料分为后固化型和自固化型两种,后固化型无机富锌涂料漆膜干燥后,需要加热或者涂上酸性固化剂(稀磷酸或者 $MgCl_2$ 水溶液),施工较为复杂,漆膜较脆。目前市场上广泛应用的是水性自固化无机富锌涂料,新开发出如 ECO - ZA 系列重防腐锌基涂料。

(3)环氧厚浆涂料。环氧厚浆涂料是双组分的高固体、无溶剂环氧涂料,目前最常用的环氧厚浆涂料为 HZ 系列环氧厚浆涂料。HZ 系列环氧厚浆涂料为双组分涂料:甲料由混合树脂、颜填料(屏蔽性好,能增强、减缩、防老化,无毒)、助剂组成;乙料为改性胺类化合物和助剂合成的固化剂。

环氧厚浆涂料特性是,双酚 A 环氧树脂分子结构中的羟基、醚基和环氧基等极性基团,能与各种物质表面产生键合力,故环氧树脂的黏聚力特别强;固化后的环氧树脂含有稳定的苯环和醚键,并含有不与碱类物质反应的脂肪醇,因而提高了稳定性。通过对环氧树脂的配伍、改性，HZ 系列环氧厚浆涂料不仅具有环氧树脂的优点，而且适应性强，能在低温、微湿等较为恶劣的环境中使用。涂料的固体组分大于 80%，不易挥发，收缩性小，黏度大于 120s，浆厚、膜厚，密封性好，耐老化、无污染，能长期与涂覆基面咬合共存，提高表面的耐久性，还能配制出与基体结构相宜的颜色。

（4）环氧玻璃鳞片涂料。玻璃是一种优良的抗化学药品和抗老化性的无机材料。玻璃鳞片是玻璃经 1700℃高温熔化再经独特工艺吹制而成的极薄的玻璃碎片，厚度一般为 2～5μm，片径长度为 100～300μm。玻璃鳞片的片径纵横越大，涂层的抗渗透性能越强。玻璃鳞片能把涂层分割成许多小空间，使涂层中的微裂纹、微气泡相互分割，同时抑制了毛细管作用的渗透。玻璃鳞片的硬化收缩率只有其他材料的几分之一到几十分之一，大大地提高了涂层的附着力和抗冲击性能，抑制了涂层龟裂、剥落等缺陷。

普通的防腐涂料一般只能作为大气防腐而不能起到衬里的作用，尤其在液相介质和碱度较高的场合。玻璃鳞片的加入使涂料发生了两方面的变化：一是可以加工成很厚而无须担心会发生裂纹，这是因为玻璃鳞片把涂层分割成许多小的空间，大大地降低了涂层的收缩应力和膨胀系数；二是用于涂料中的玻璃鳞片具有鱼鳞效应，成千上万的鳞片交错排列，形成涂层内复杂曲折的渗透扩散途径，使得腐蚀介质的扩散路线变得相当曲折弯曲，很难达到基材。

环氧玻璃鳞片涂料作为一种用于腐蚀严重的钢铁结构和设施的新型防腐蚀中间漆，是以环氧树脂为主要成膜物质，加入玻璃鳞片及各种高效防锈颜料组成的重防腐高固体分涂料。该涂料具有优异的耐水性和耐化学品渗透性，附着力强，柔韧性和耐冲击性能极好，防腐蚀时效长。可与环氧沥青漆、环氧防锈漆、环氧云铁中间层漆、氯化橡胶漆等配套使用，适用于腐蚀环境较为恶劣的钢结构和混凝土表面涂装等。

（5）聚氨酯涂料。聚氨酯涂料是在 20 世纪后半叶才发展起来的一种新型材料，它的结构中除含有氨基甲酸酯键外，还含有酯键、醚键、脲键、缩二脲键、脲基甲酸酯键、酰基脲键以及油脂的不饱和键，因此，既具有类似酰胺基的特性，如强度、耐磨性、耐油性，又具有聚酯的耐热性与耐溶剂性，以及聚醚的耐水性和柔顺性。

聚氨酯涂料可以分为双组分聚氨酯涂料和单组分聚氨酯涂料。双组分聚氨酯涂料一般是由异氰酸酯预聚物（也叫低分子氨基甲酸酯聚合物）和含羟基树脂两部分组成，通常称为固化剂组分和主剂组分。这一类涂料的品种很多，应用范围也很广，根据含羟基组分的不同可分为丙烯酸聚氨酯、醇酸聚氨酯、聚酯聚氨酯、聚醚聚氨酯、环氧聚氨酯等品种，一般都具有良好的机械性能、较高的固体含量、各方面的性能都比较好，是目前很有发展前途的一类涂料品种。其缺点是施工工序复杂，对施工环境要求很高，漆膜容易产生弊病。单组分聚氨酯涂料主要有氨酯油涂料、潮气固化聚氨酯涂料、封闭型聚氨酯涂料等品种。应用面不如双组分涂料广，主要用于地板涂料、防腐涂料、预卷材涂料等，其总体性能不如双组分涂料全面。

（6）其他种类。天冬氨酸酯涂料、高性能氟碳涂料、聚硅氧烷涂料的出现为海上风电设备的防腐蚀提供了新的涂装方案，通过合理设计可以满足海上风电防腐蚀的要求。其中氟碳涂料具有超长的耐候性、极佳的防腐性和优异的耐沾污性，被称为"涂料之王"，经过近几十年的研究发展和应用，已经成为工业和建筑防腐领域的首选，并且氟碳涂料大量应用于国家重点工程，如奥运会的"鸟巢"、青藏铁路、杭州湾跨海大桥等，尤其在耐候性要求高的防腐环境和领域得到大量应用。正是因为氟碳涂料具有优异的耐候性、耐擦拭性、耐沾污性、憎油、憎水等性能，其应用于海上风电市场，可极大地提高风电设备的耐候性、防腐蚀等性能，延长对风电设备的保护年限，减少海上风电场的运营和维护成本，当前研究为氟碳涂料进入海上风电设备市场提供了技术支撑，使其在未来的海上风电市场上具有较强的竞争优势和应用潜力。

3.5.4　重防腐涂料失效原理

根据目前已有防腐涂料的实际使用情况可以得出：引起涂层失效最重要的两个因素是暴露引起的老化和涂层下的金属腐蚀，此外还有化学侵蚀、物理机械侵蚀等。

（1）老化失效。涂层老化常表现为失去光泽、变色、粉化、变脆、开裂等。M. Osterbroek 等研究了丙烯酸聚氨酯涂层老化过程中涂层开裂和应力变化的规律，认为日照引起的张力变化是导致涂层开裂的主要原因。紫外线对涂层的老化起关键性的作用，会形成一些亲水基团（羟基、烷基过氧化氢、羧基等）。因为自由基浓度通常是一个非常低的恒稳态值，所以自由基与自由基相遇较自由基与分子相遇的机会少得多，使得反应得以不断进行。在光老化过程中会产生一些小分子，如酮、醇、酸等，这些小分子很容易被水冲刷掉。由于涂层不断损失成分，就会造成涂层的收缩，厚度的减小，从而导致脆化、开裂。若涂层含有颜料，涂层内高聚物的损失会明显增加颜料在涂层表面的体积浓度，导致表层相对较脆，里层较有弹性，涂层表层粉化、深层开裂。

（2）涂层下金属腐蚀引起的失效。大量研究结果表明，引起涂层破坏主要是因为介质向涂层内部进行渗透作用的结果，而并非都是由于涂层材料的化学稳定性不够，被介质腐蚀而均匀损耗殆尽。由于涂层中存在有针孔和结构气孔，腐蚀介质能向涂层内部渗透，其主要机理可认为是渗透作用和应力作用。渗入涂层的介质在环境应力的联合作用下，将促使微裂纹尖端扩展，甚至产生开裂；另外随着介质渗透，常会引起涂层鼓泡，产生鼓泡的原因是由于介质渗入与基材金属接触，引起化学或电化学反应，从而使反应生成物体积大幅度增大，内压增加。即使介质的腐蚀性很弱，涂膜下金属的电化学反应同样能促使鼓泡，与此同时涂层与基材的结合力显著下降，促使涂膜鼓泡，当泡内压力达一定值时，将使涂膜破裂而引起全面失效。当涂层金属发生电化学腐蚀时，阴极反应或阴极反应产物会影响涂层与基体金属的结合力，致使涂层从基体金属分离，即阴极剥离。阴极反应可以在自然腐蚀状态下发生的，也可在阴极保护状态下发生。

3.6　海上风电机组防腐涂料的开发重点

风力发电是近年来世界各国普遍关注的可再生能源开发项目之一，海上风电已经成为世界可再生能源发展领域的焦点。目前，海上风电处于近海风电场开发阶段，而大型近海风电场的开发还处于起步阶段。海上丰富的风能资源和当今技术的可行性，决定了海上风电场必将迅速发展，海上风电设备产业将成为一个经济增长点。就海上风电的发展现状而言，风电机组的安装和维护成本是阻碍海上风电事业发展的主要潜在因素，陆上风电场这一成本仅占总成本的 1/4，而海上风电场则增至 3/4。

我国风电场防护涂料的发展较晚，而海上风电场对防护涂料的要求很高，目前国外品牌在我国风电场防护涂料中占据了一定优势，国内生产商应从海上风电机组支撑结构的维护出发，研究适用于海上大型钢结构的重防腐涂装体系，对电弧喷涂金属底层及封闭后复合涂层的防腐性能进行综合评价，从科学可靠和经济实用的角度进行方案论证，开发出适应我国近海地区环境条件的风电机组塔架和基础的长效防腐与保护的设计方案，开发海上风电机组防腐涂料应重点关注如下问题：

（1）由于不同的涂层分析方法所得到的试验结果反映了涂层、金属体系对腐蚀介质效应的不同层面，因此在研究与应用实践中，如何将这些分析方法综合利用得到涂层与防护效应之间关系的较为完整的信息，以及综合多方面信息深入了解涂层下金属的腐蚀和涂层的防护机理、准确评价涂层的防腐性能仍然是需要进一步精确研究的问题。

（2）根据各种物理测试方法掌握涂层在各种环境下的失效规律、涂层物理化学性能的主要特征的变化，以及准确地推出各个阶段涂层的腐蚀情况，从而进一步探讨组合体系的失效机制。

（3）目前的研究工作主要集中在单一的涂层体系，而对于多道多层的复合涂层体系的行为研究不多见，而且大多是用单一的方法进行涂层检测，没有将物理检测和电化学检测等多种方法结合，因此没有形成系统的方法体系和得到统一的结果。其微观机理也仍有许多不甚明了和值得研究的问题。

（4）现有的复合涂层体系主要是由多种不同的有机涂料形成的防护体系，缺少对金属喷涂层和有机涂层相结合的防护体系的研究。因此，有必要对这两类复合涂层体系进行综合比较。

参 考 文 献

［1］ 虞兆年. 防腐蚀涂料和涂装［M］. 北京：化学工业出版社，2002.

［2］ 高瑾，米琪. 防腐蚀涂料与涂装［M］. 北京：中国石化出版社，2007.

［3］ 王健，刘会成，刘新. 防腐蚀涂料与涂装工［M］. 北京：化学工业出版社，2006.

［4］ 刘新. 海上风电场的防腐涂装［J］. 中国涂料，2009，24（7）：17－19.

［5］ 金晓鸿. 防腐蚀涂装工程手册［M］. 北京：化学工业出版社，2008.

［6］ 林玉珍，杨德钧. 腐蚀和腐蚀控制原理［M］. 北京：中国石化出版社，2007.

［7］ 侯保荣. 海洋腐蚀与防护［M］. 北京：科学出版社，1997.

［8］ 朱相荣，王相润. 金属材料的海洋腐蚀与防护［M］. 北京：国防工业出版社，1999.

［9］ 张学敏，郑化，魏铭. 涂料与涂装技术［M］. 北京：化学工业出版社，2006.

［10］ Venkatesan R，Venkatasamy M A，Bhaskaran T A，et al. Corrosion of ferrous alloys in deep sea environments［J］. British Corrosion Journal，2002，37（4）：257－266.

［11］ Schaumann P，Wilke F. Current developments of support structures for wind turbines in offshore environment［C］. Proceedings of ICASS，2005：1107－1114.

［12］ Momber A W，Plagemann P，Stenzel V，et al. Investigating Corrosion Protection of Offshore Wind Towers［J］. Journal of protective coatings and linings，2008，25（4）：30－43.

［13］ Rodgers M，Olmsted C. The Cape Wind Project in Context［J］. Leadership and Management in Engineering，2008，8（3）：102－112.

［14］ 詹耀．海上风电钢结构防腐及氟碳涂料应用［J］.涂料技术与文摘，2012，33（10）：22－25.

［15］ 尚景宏，罗锐．海上风力发电领域——防腐蚀专业的新战场［J］.涂料技术与文摘，2009，30（10）：16－21.

［16］ 詹耀．海上风电机组的防腐技术与应用［J］.现代涂料与涂装，2012，15（2）：15－18.

第 4 章　海上风机塔架的腐蚀与防护

随着我国海洋开发事业的飞速发展,海上金属(钢铁)设施越来越多。自1991年世界上首座海上风电场在丹麦建成以来,海上风力发电已经成为世界可再生能源发展的焦点领域。然而海上风电运行环境十分复杂:高温、高湿、高盐雾和长日照等,腐蚀环境非常恶劣,对海上风电设备的腐蚀防护提出了严峻挑战,防腐设计成为海上风电场设计必须考虑的重要环节之一。目前对于海上风电工程基础设施以及风机的防腐措施,主要来自于海上石油平台、破冰船以及海底管线等方面的防腐经验,而针对海上风机腐蚀与防护的研究还很少。在大力提倡节能减排的今天,结合国内外风力发电的理论研究和工程背景,对海上风机的腐蚀与防护进行系统的研究已成为当前需要解决的重要课题。风力发电设备主要由桨叶、风机及塔架组成,其中塔架是风机的支撑结构,是海上风电场的重要组成部分,塔架的类型主要有桁架式、管塔式等,目前广泛采用的是管塔式塔架,即通常所说的塔筒。管塔式塔架用钢板卷制焊接而成,具有结构紧凑、安全可靠、维护方便、外形美观等特点,但也存在比较严重的腐蚀问题,尤其在海洋环境中。

4.1　风机塔架的腐蚀

海洋环境是指海洋大气到海底泥浆这一范围内的任何一种物理量,如温度、风速、日照、含氧量、盐度、pH值以及流速等。在海洋环境中不同区域有不同的腐蚀影响因素,对于海上风电结构按照水位变动情况来划分不同的腐蚀控制区域。参照IEC 61400—2009《海上风机设计要求》,风力发电机偏航系统以下的支撑结构包括塔架、下部结构和基础,其中海床直接接触的部分定义为基础,位于水面以上的通道平台作为塔架和下部结构的分界线,则海上风电场的塔架所处的海洋环境主要为大气区。

海上风电设备的腐蚀防护措施主要有增加腐蚀裕量、阴极防护、镀层、喷涂防腐涂料等,其中采用防腐涂料是应用最广泛、最经济、最方便的方法。由于海上风机塔架不同区段所处的腐蚀环境不同,需要从实际出发,深入了解海洋腐蚀的特殊性后,将海上风电塔架所处腐蚀环境细化,并通过电化学原理、热力学理论,对应地分析各个环境状态下的腐蚀机理,从而有针对性地选择腐蚀防护措施。只有对海上风机塔筒采取针对性的腐蚀防护设计才能保证海上风电场的安全、稳定运行。

由于塔筒外壁直接暴露在海洋大气环境中,根据ISO 12944—2《腐蚀环境分类》规定,塔筒外壁处于C5 - M腐蚀环境(即非常高的海洋腐蚀环境),而塔筒内表面则属于C4腐蚀等级。海洋大气湿度很大,水蒸气在毛细管作用、吸附作用、化学凝结作用的影响下,附着在钢材表面上形成一层水膜,CO_2、SO_2和一些盐分溶解在水膜中,使之成为导电性很强的电解质溶液,铁作为阳极在电解质溶液(水膜)中被氧化而失去电子,变成铁锈。海洋大气中的 Cl^- 有穿透作用，在潮湿的环境中会加速钢结构的腐蚀。全球首个大型海上风电场荷斯韦夫（Horns Rev）在投入运行后不久，部分风电机组的变压器、发电机开始出现技术故障，故障原因较为综合，除了制造、安装延迟等问题外，离岸的气候条件、空气中的盐分侵蚀也被认为是重要的因素。

4.2 风机塔架防腐涂料体系设计

4.2.1 设计标准

对于海洋大气区的钢构件，可采用复合防腐涂料体系。通常，底漆采用环氧富锌底漆（或喷锌），中间漆采用环氧云铁漆，面漆采用保色保光性优良的脂肪族聚氨酯面漆、氟碳面漆或聚硅氧烷面漆。

目前国际上风电场钢结构的防腐设计和施工主要参考三个标准：①ISO 12944—1998《色漆和清漆——防护漆体系对钢结构的腐蚀防护》；②ISO 20340—2003《色漆和清漆——用于近海建筑及相关结构的保护性涂料体系的性能要求》；③NORSOK M501—2004《表面处理和防护涂料》。其中，ISO 12944 标准是目前国际上应用最广泛的钢结构防腐涂装规范，ISO 20340 和 NORSOK M501 标准对海上风电防腐涂料体系的性能测试和施工技术等做出了规范。

塔筒外壁的底层采用热喷锌铝合金（最好采用电弧喷涂），防腐效果大大优于单独的热喷锌或喷铝。

机舱外部零件和塔架门外扶梯（平台、围栏）等直径小于 500mm 的复杂管状零部件采用热浸镀锌。

塔筒内壁不受外界阳光直射，可采用保色保光性优良的脂肪族聚氨酯面漆，也可使用厚浆环氧面漆。

4.2.2 防腐涂料选择原则

综合考虑环境、施工和性能，海上风电机组防腐涂料的性能应满足的规定：①优先选择施工方便，能用普通涂装设备进行施工的涂料体系；② 结构长期处于海水浸泡或海水湿润、雨水冲刷等工作环境，宜采用耐海水性能优异的涂层体系；③暴露于海洋恶劣的环境中，宜采用耐紫外线、抗粉化性能好、耐老化的涂层体系；④处于海上的风电设备，昼夜温差明显，选用涂料应具有良好的耐冷热交替性。

4.2.3 防腐涂装方案

根据 ISO 12944—1—1998《色漆和清漆——防护漆体系对钢结构的腐蚀防护 第 1 部分》的要求，塔筒的防腐保护等级为"长期"，防腐寿命一般要求在 20 年以上（主要评定依据为结构生锈，并不涉及涂层的粉化、褪色等缺陷），20 年内腐蚀深度不超过 0.5mm。目前世界上各大风电公司都有自己成熟的塔筒防腐涂装配套体系，这些配套体系都是以达到长期耐久为目的而设计的，符合国际标准 ISO 12944—1—1998 中有关钢结构在不同的服役环境下达到长期耐久年限的相应规定和要求。塔筒内外表面典型涂装方案如表 4 - 1 所示。ISO 12944—5—1998《色漆和清漆——防护漆体系对钢结构和腐蚀防护第 5 部分》指导了如何根据腐蚀环境和耐腐蚀耐候年限来选择涂层体系。表 4 - 2 给出了如何在海洋大气环境（C5－M）下选择涂层防腐蚀体系，表 4 - 3 给出了如何在水和土壤腐蚀环境（Im1、Im2 和 Im3）下选择防腐蚀涂层体系。

表 4 - 1　塔筒内外表面典型涂装方案

位　　置	底　漆	中　间　漆	面　漆
塔筒内表面 （C4 高腐蚀环境）	环氧富锌	环氧厚浆涂料	聚氨酯
塔筒外表面 （C5－M 海洋大气环境）	环氧富锌 /无机富锌	环氧厚浆涂料	聚氨酯面漆/硅氧烷/ 氟碳/天门冬氨酸酯

表 4 - 2　C5－M 腐蚀环境下的涂装体系

涂层体系编号	表面处理等级		底漆层				后道面漆及中间层			涂装体系		预期耐久性		
	St 2	Sa 2$^{1/2}$	漆基	底漆类型	涂层道数	额定干膜厚度/μm	漆基	涂层道数	额定干膜厚度/μm	涂层道数	总干膜厚度/μm	低	中	高
S7.01		×	CR		1～2	80	AY,CR,PVC	2	120	3～4	200			
S7.02		×			1	80		2	120	3	200			
S7.03		×		Misc.	1	150	EP,PUR	1	150	2	300			
S7.04		×	EP, PUR		1～2	80		3～4	240	4～6	320			
S7.05		×			1	400	—	—	—	1	400			
S7.06		×			1	250		1	250	2	500			
S7.07		×			1	40	EP,PUR	3	200	4	240			
S7.08		×			1	40	EP+CR	2	200	3	240			
S7.09		×	EP, PUR		1	40	EP,PUR	3～4	280	4～5	320			
S7.10		×		Zn(R)	1	40	CTV	3	360	4	400			
S7.11		×			1	40	CTE	3	360	4	400			
S7.12		×			1	80	EP,PUR	2～4	160	3～5	240			
S7.13		×	ESI		1	80	EP+CTE	2	200	3	280			
S7.14		×			1	80	EP,PUR	2～4	240	3～5	320			
S7.15		×	CTV	Al	1	100	CTV	2	200	3	300			
S7.16		×	CTE	Misc.	1	100	CTE	2	200	3	300			

前道涂层漆基	防护漆（液体）			后道涂层漆基	防护漆（液体）		
	组分数		水性化可能性		组分数		水性化可能性
	单组分	双组分			单组分	双组分	
CR＝氯化橡胶	×			CR＝氯化橡胶	×		
EP＝环氧		×	×	PVC＝氯化乙烯聚合物	×		
ESI＝硅酸乙酯	×	×		EP＝环氧		×	×
PUR＝聚氨酯（脂肪族或芳香族）	×			PUR＝聚氨酯(脂肪族或芳香族)	×	×	
CTV＝煤焦油乙烯	×			CTV＝煤焦油乙烯	×		
CTE＝环氧煤焦油		×		CTE＝环氧煤焦油		×	
				AY＝丙烯酸	×		×

注 本表为C5-M腐蚀环境下涂装体系的一些处理范例，其他涂装体系也可能具有相同效果，具体选用应按涂料制造商的要求进行。

表4-3 Im1，Im2，Im3 腐蚀环境下的涂装体系

涂层体系编号	表面处理等级		底漆层				后道面漆及中间层			涂装体系		预期耐久性（参照5.5和ISO 12944—1—1998）		
	St 2	Sa 2$^{1/2}$	漆基	底漆类型	涂层道数	额定干膜厚度/μm	漆基	涂层道数	额定干膜厚度/μm	涂层道数	总干膜厚度/μm	低	中	高
S8.01		×	EP,PUR	Zn(R)	1	40	EP,PUR	2～4	320	3～5	360			
S8.02		×			1	40	CTPUR	4	500	5	540			
S8.03		×			1	40	CTE	3	400	4	440			
S8.04		×	EP		1	80	EP,PUR	2	300	3	380			
S8.05		×			1	80	EP	1	400	2	480			
S8.06		×	EP		1	800	—	—	—	1	800			
S8.07		×	Misc.		1	120	CTE	2	240	3	360			
S8.08		×	CTE		1	120		3	380	4	500			
S8.09		×			1	500	—	—	—	1	500			
S8.10		×	CTE		1	1000	—	—	—	1	1000			
S8.11		×	CTPUR		1	200	CTPUR	1	200	2	400			

续表

前道涂层漆基	防护漆（液体）			后道涂层漆基	防护漆（液体）		
	组分数		水性化可能性		组分数		水性化可能性
	单组分	双组分			单组分	双组分	
EP＝环氧		×		EP＝环氧			
PUR＝聚氨酯 （脂肪族或芳香族）	×			PUR＝聚氨酯（脂肪族或芳香族）	×	×	
CTE＝环氧煤焦油				CTE＝环氧煤焦油		×	
CTPUR＝煤焦油聚氨酯	×			CTPUR＝煤焦油聚氨酯		×	

注　本表为一些处理的范例，其他涂装体系也可能具有相同效果，若使用封闭底漆，其要能与后道涂层体系相配套。

4.3　风机塔架防腐涂料研究现状

风力发电的大力发展，带动了风电装备用防腐涂料的发展。目前风力发电防腐涂料市场中，丹麦的赫普（HEMPEL）塔架涂料市场占有率最高，另外还有挪威的佐敦（JOTUN）、荷兰的阿克苏诺贝尔（AKZO－NOBEL）以及美国的 PPG 等。国内风电防腐涂料的企业主要有中远关西、金鱼、普兰纳等。

涂料的类型主要是富锌涂料和聚氨酯涂料，它们具有较高的品质和耐久性，但海上风电恶劣的腐蚀环境，要求其不断提高综合性能以更好地满足海上风电防腐的需要。

4.3.1　富锌涂料

ISO 12944 中指出 C4 和 C5 环境下钢结构防腐推荐使用富锌底漆，因此富锌底漆在风力发电中具有广泛应用。富锌涂料分为无机富锌涂料和有机富锌涂料，有机富锌涂料最常用的是环氧富锌涂料。

20 世纪末，随着环境保护越来越受到各国的重视，各种水性富锌底漆不断涌现。徐亮等在常见的水性无机硅酸盐富锌涂料中添加适量的硅丙乳液及碳纳米管，制成了性能良好的无机—有机复合水性富锌涂料。胡涛等利用气相二氧化硅表面活性高、分散性能良好的特点将其加入到环氧富锌涂料中，研究表明其能有效防止涂层中颗粒的团聚，使涂层表面更均匀、平整，同时还能有效提高涂层的附着力，大大增强了环氧富锌涂料的防腐性能。傅晓平等制备了环氧富锌聚苯胺杂化金属重防腐水性涂料，对比检测证明其具有优异的防腐性能。

4.3.2　聚氨酯涂料

聚氨酯涂料中的丙烯酸聚氨酯面漆是 20 世纪 90 年代发展起来的一类新型涂料，以装饰性和防腐蚀性兼备的优点被广泛用于海上风电塔筒的防腐蚀面漆。海洋大气中 Cl^- 含量很高，而在含 Cl⁻ 的潮湿环境中会使丙烯酸聚氨酯涂层加快失效，另外长期的紫外线照射会使重防腐涂料老化、变质以致失去防腐蚀能力。海上风电用面漆需具备耐候性高、耐海水性好和防海洋微生物附着等特性。国内外学者为提高丙烯酸聚氨酯涂料的综合性能进行了大量研究。Krishnan 成功合成了具有互穿网络结构的室温固化型环氧、丙烯酸、聚氨酯高性能防锈涂料，具有优异的耐腐蚀性、耐候性和保光保色性，兼具底漆和面漆双重功效。S. S. Pathak 等用有机硅 MT MS 和 GPTMS 改性水性聚氨酯涂料，增强了水性聚氨酯涂料的弹性和机械应力，使其适用于海洋领域。陈俊等制备了室温固化水性双组分氟丙烯酸、聚氨酯清漆，使其具有优异的耐水和耐老化等性能，可以广泛应用在钢结构等对涂料要求苛刻的场合。

纳米防腐涂料具有性能优异、制造方便、价格相对低廉等一些其他材料所无法比拟的优点，在选择防腐蚀措施时成为优先考虑的对象。高丽君等制得丙烯酸酯类聚氨酯/蛭石纳米复合材料，综合性能较纯丙烯酸酯类聚氨酯显著提高。周树学等通过共混法制得了 KH570 改性纳米 SiO_2 丙烯酸聚氨酯涂料，综合性能显著提高。毛晨峰等制得了金红石型纳米 TiO_2 改性丙烯酸聚氨酯涂料，该复合材料能有效地屏蔽紫外线，提高材料的抗老化和防腐蚀性能。Saha 等将球状的纳米 TiO_2 用来改性聚氨酯泡沫，大大提高了聚合物的力学性能和防腐蚀性能。

4.3.3 其他涂料

天门冬氨酸酯涂料、高性能氟碳涂料、聚硅氧烷涂料的出现为海上风电设备的防腐蚀提供了新的涂装方案，通过合理设计可以满足海上风电防腐蚀的要求，但是存在价格高、施工要求高等缺点，还有待进一步改善。

4.4 风机钢质塔筒的防腐复合涂装方案

对塔筒的主要防腐措施包括增加腐蚀裕量、电极防护、镀层、喷涂防腐涂料等。海上风电防腐涂层是以多道涂层组成的一个完整的防护体系来发挥防腐蚀功能的，而目前对涂料的改性研究大都只是针对某一种涂料在基材上的性能进行改性，对海上风电的腐蚀与防护进行系统研究的还很少。目前，我国海上风电腐蚀防护基础薄、方案少，风电场所用防腐涂料基本依靠进口，导致风电投入大、成本高。

ISO 12944—1998 是目前全球公认的权威性标准，它是国际标准化组织为从事涂料防腐蚀工作的业主、设计人员、咨询顾问、涂装承包商、涂料生产企业等汇编的标准，为这些人员、单位和组织机构提供了重要的参考。这份标准同时也通过了欧洲委员会的批准认可，所以它实际取代了一些国家的标准，如英国的 BS 5493 标准，德国的 DIN 55928 标准等。ISO 12944—1998 标准的主要内容：第 1 部分，总则；第 2 部分，环境分类；第 3 部分，设计内容；第 4 部分，表面类型和表面处理；第 5 部分，防护漆体系；第 6 部分，实验室性能试验方法；第 7 部分，涂漆工艺的实施和管理；第 8 部分，新工艺和维修规范的开发。参照 ISO 12944—1998 制定了海上风电钢质塔筒的防腐复合涂装方案（表 4 - 4），并测试了复合涂层的基本性能。

表 4-4　复 合 涂 层 设 计

编号	底　漆			中间层			面　漆			总厚度/μm
	种类	遍数	干膜厚度/μm	种类	遍数	干膜厚度/μm	种类	遍数	干膜厚度/μm	
1	热喷涂纯 Zn	1	60	环氧云母氧化铁	2~3	120	丙烯酸聚氨酯	2	60	240
2	热喷涂纯 Al	1	60	环氧云母氧化铁	2~3	120	丙烯酸聚氨酯	2	60	240
3	热喷涂 Zn-Al	1	60	环氧云母氧化铁	2~3	120	丙烯酸聚氨酯	2	60	240
4	环氧富 Zn	1	60	环氧云母氧化铁	2~3	120	丙烯酸聚氨酯	2	60	240

4.4.1　金属底漆基本性能

对作为复合涂层底漆用的纯 Zn、纯 Al 和 Zn-Al 合金喷涂层试片（涂层厚度均为 $150\mu m$）进行结合强度试验，试验结果见表 4-5。从结合强度评价数据可以看到，纯 Zn 和 Zn-Al 合金喷涂层的结合强度比纯 Al 涂层高，涂层表面情况也总体较好。纯 Al 涂层试验后虽然表层有一些金属粉末附着，结构较疏松，但喷涂层主体与基底结合仍较好。

表 4-5　纯 Zn、纯 Al 和 Zn-Al 合金涂层与基体钢的结合强度

涂层类型	结合强度	涂层表面情况
纯 Zn 涂层	9 级	结合良好，表面有少量粉末
纯 Al 涂层	8 级	表面有少量粉末，结构较疏松
Zn-Al 合金涂层	9 级	结合良好，表面有少量粉末

纯 Zn、纯 Al 和 Zn-Al 合金涂层的厚度为 $150\mu m$，测试孔隙率时所用滤纸尺寸为 $40mm \times 40mm$。由表 4-6 可以看到，纯 Zn、纯 Al 和 Zn-Al 合金涂层的斑点数都很少，孔隙率都很低，说明这三种涂层的自封闭性能都很好。

表 4-6　纯 Zn、纯 Al 和 Zn-Al 合金涂层孔隙率试验结果

涂层类型	斑点数	试样面积/cm²	孔隙率/(n·cm⁻²)
纯 Zn 涂层	5	16	0.31
纯 Al 涂层	4	16	0.25
Zn-Al 合金涂层	4	16	0.25

将涂层厚度为 $150\mu m$ 的纯 Zn、纯 Al 和 Zn-Al 合金涂层试片以及厚度为 $250\mu m$ 的 Zn-Al 合金涂层试片在 3.5% NaCl 水溶液中浸泡，记录出现白色腐蚀产物的时间；同时，测试室温下各种涂层试样在 3.5% NaCl 水溶液中长时间浸泡后的失重，比较各种涂层的耐腐蚀性能，观察各涂层样品腐蚀试验后的形貌特征，试验结果见表 4-7。

表4-7　3.5%NaCl溶液中各涂层腐蚀性能与涂层腐蚀形貌特征

涂层类型	腐蚀速率/$(g \cdot m^{-2} \cdot h^{-1})$	出现白锈时间/h	96h涂层形貌	3000h涂层形貌
150μm厚纯Zn涂层	0.0325	24	表面形成黑色氧化膜,并有白色腐蚀产物	大量白色腐蚀产物,出现大量红锈,涂层起泡脱落
150μm厚纯Al涂层	0.0075	240	表面无明显腐蚀产物	仅出现少量白斑
150μm厚Zn-Al合金涂层	0.0175	96	表面小部分为黑色氧化膜,只有小白斑产生	较大面积白色腐蚀产物,出现少量红锈点
250μm厚Zn-Al合金涂层	0.0145	96	表面小部分为黑色氧化膜,只有小白斑产生	较大面积白色腐蚀产物,但无红锈点出现

　　从表4-7可以看到,纯Zn涂层在24h后就出现了白色腐蚀产物,而纯Al涂层是240h后才出现腐蚀,厚150μm和厚250μm的Zn-Al合金涂层都是在96h后出现了白色腐蚀产物。该实验也说明增加Zn-Al合金涂层厚度对推迟产生腐蚀的时间没有作用。从腐蚀速率来看,纯Al涂层的腐蚀速率只有纯Zn涂层的近1/4,而Zn-Al涂层(厚150μm或厚250μm)的腐蚀速率只有纯Zn涂层的1/2,说明Zn-Al合金涂层和纯Al涂层的耐蚀性能明显优于纯Zn涂层。厚150μm和厚250μm的Zn-Al合金涂层的实验结果则显示厚度越厚腐蚀速率越小,说明在同等条件下,涂层越厚耐蚀性越强。

　　涂层厚度为150μm的纯Zn、纯Al和Zn-Al合金涂层试片以及厚度为250μm的Zn-Al合金涂层试片在中性盐雾(NSS)腐蚀试验箱中的实验结果见表4-8。由表4-6中数据可见,在中性盐雾试验条件下,150μm的纯Zn出现白色腐蚀产物的时间最短,只有24h,出现红锈的时间也只有96h。厚150μm和厚250μm的Zn-Al合金涂层出现白色腐蚀产物的时间是48h,而厚150μm的纯Al涂层则是120h。从出现红锈的时间可以看到,纯Al涂层和Zn-Al合金涂层远远大于纯Zn涂层,纯Al涂层在实验时间内(1000h)甚至没有出现红锈。从表4-8中腐蚀速率的数据可以看到,纯Al和Zn-Al合金两种涂层的耐腐蚀性能明显好于纯Zn涂层,尤其是纯Al涂层在中性盐雾环境下耐蚀性最强。

表4-8　四种涂层在中性盐雾环境下的耐蚀性和形貌特征

涂层类型	腐蚀速率/$(g \cdot m^{-2} \cdot h^{-1})$	出现白锈时间/h	出现红锈时间/h	500h涂层形貌	1000h涂层形貌
150μm纯Zn涂层	0.9771	24	96	表面腐蚀严重,全面出现红锈	涂层起泡脱落,已完全失效
150μm纯Al涂层	0.3154	120	>1000	较大面积白色腐蚀产物,无锈点	仍无锈点
150μm Zn-Al合金涂层	0.6092	48	480	大量白色腐蚀产物,出现红锈点	较多红锈点,涂层局部起泡
250μm Zn-Al合金涂层	0.5784	48	720	大量白色腐蚀产物,无锈点	极少量锈点

4.4.2　金属底漆形貌

　　纯 Zn、纯 Al 和 Zn - Al 合金涂层未发生腐蚀时的扫描电镜（SEM）形貌对比见图 4 - 1。由图 4 - 1 可以看出，纯 Zn、纯 Al 和 Zn - Al 合金涂层在腐蚀前，其表面形貌没有明显差异，其组织结构相似，表面都比较粗糙，有看似空隙和裂纹的结构存在。浸渍 600h 腐蚀试验后的涂层表面 SEM 形貌及元素能谱分析（EDS）结果如图 4 - 2 所示。由 SEM 形貌图可以看出，纯 Zn 涂层经一段时间腐蚀后，其表面形成了松散的腐蚀产物，该腐蚀产物无法有效地阻止腐蚀介质的渗入。相比较而言，纯 Al 和 Zn - Al 合金涂层腐蚀试验后仍然比较致密，且腐蚀产物有阻塞孔隙的作用，使腐蚀介质无法进一步渗入涂层内，从而提高了涂层的耐蚀性能。

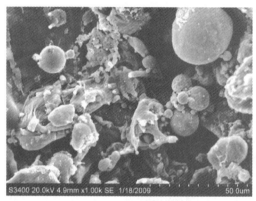

（a）纯 Zn 涂层　　　　　　　　　　　　（b）纯 Al 涂层

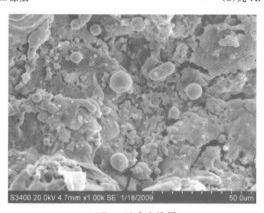

（c）Zn - Al 合金涂层

图 4 - 1　纯 Zn、纯 Al 和 Zn - Al 合金涂层在腐蚀前的 SEM 形貌图

　　从纯 Zn 涂层腐蚀后表面形貌分析［图 4 - 2（a）］可以看出，涂层腐蚀产物呈絮状，且比较疏松。纯 Zn 涂层一直处于活性溶解阶段，涂层靠自身不断生成的腐蚀产物来堵塞孔隙，从而降低腐蚀速率。但由于腐蚀产物的易溶性，涂层并不能形成有效的阻挡层，因此，该防护涂层的防腐效能大大降低。结合纯 Zn 涂层腐蚀产物 EDS 图谱分析可知，纯 Zn 涂层的腐蚀产物主要由 Zn 的氧化物和碳酸盐化合物组成，并有 Fe 元素存在（7.6

wt%），说明纯 Zn 涂层在有的区域已发生了腐蚀穿透现象，使得钢铁基体发生了腐蚀。虽然涂层的防腐性能与涂层厚度成正比，可以考虑适当增加纯 Zn 涂层的厚度，但由于其腐蚀产物是疏松的，其自封闭效果微弱。

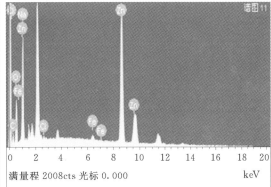

（a）纯 Zn 涂层

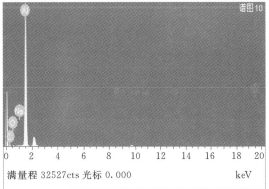

（b）纯 Al 涂层

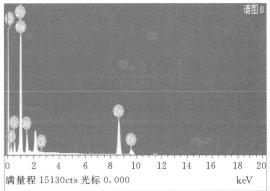

（c）Zn－Al 合金涂层

图 4－2　纯 Zn、纯 Al 和 Zn－Al 合金涂层腐蚀后 SEM 形貌及 EDS 分析谱

由纯 Al 涂层腐蚀产物 EDS 图谱分析 [图 4 - 2 (b)] 可知，纯 Al 涂层腐蚀产物种类较少，主要是由于 Al 在腐蚀过程形成了较致密的保护膜使得涂层不易腐蚀。由腐蚀产物的分析可以看到，产物中没有 Fe 元素，说明钢铁基体得到了很好的保护。

由 Zn - Al 涂层腐蚀产物的 EDS 分析图谱 [图 4 - 2 (c)] 可知，Zn - Al 涂层在腐蚀过程中既生成了含 Al 的保护膜，又生成了 Zn 的腐蚀产物。腐蚀产物中虽然也发现了少量 Fe 元素，说明有小部分区域发生了穿透现象，但与纯 Zn 涂层腐蚀产物相比，Fe 的含量明显较低。

从以上的观察和分析可以看到，纯 Al 和 Zn - Al 涂层表现出了更好的耐蚀性，涂层有良好的自封闭效果，表现出较强的防腐效果，而纯 Zn 涂层的防腐效果较差。

4.4.3　金属底漆的电化学特性

腐蚀电化学测试可定性表征材料在特定腐蚀环境中的耐蚀性和电化学特征。自腐蚀电位 E_{corr} 和腐蚀电流密度 I_{corr} 是 Tafel 极化测试中用来反映材料耐蚀性的两个最为重要的参数。一般认为，自腐蚀电位越高其耐蚀性能越好，腐蚀电流密度越大其腐蚀速率越高，耐蚀性能越差。

表 4 - 9 为纯 Zn、纯 Al、Zn - Al 涂层 (Q345B 裸钢基体) 在 3.5wt％NaCl 溶液中全浸泡腐蚀过程中 Tafel 测试所得的电化学参数。从浸泡 0.5 天测试所得 E_{corr} 来看，纯 Zn 涂层 ($-1.17V_{SCE}$)、纯 Al 涂层 ($-1.025V_{SCE}$) 及 Zn - Al 合金涂层 ($-1.158V$) 的自腐蚀电位均低于 Q345B 钢 ($-0.845V_{SCE}$) 的自腐蚀电位。从腐蚀电流密度来看，纯 Al 涂层的 I_{corr} 为 $6.291\mu A/cm^2$，在四种试样中最小，Zn - Al 合金涂层的腐蚀电流密度其次，Q345B 钢的腐蚀电流密度略小于 Zn - Al 合金，纯 Zn 涂层的腐蚀电流密度最大。纯 Zn 在 NaCl 溶液中的腐蚀为点蚀引起的整体腐蚀，其耐蚀性能差，腐蚀速度高。与 Q345B 钢相比，最低的自腐蚀电位及最大的腐蚀电流密度使得纯 Zn 涂层在腐蚀过程中具有良好的阴极保护作用。纯 Al 涂层，虽然其自腐蚀电位亦远低于 Q345B 钢，但是得益于表面致密的 Al_2O_3 氧化膜对 Cl^- 的有效抗渗作用，纯 Al 涂层在 NaCl 溶液中的电流密度最小，具有良好的钝化效果。因此纯 Al 涂层在 NaCl 溶液中最为稳定，对 Q345B 钢主要起到隔离腐蚀介质的作用。至于 Zn - Al 合金涂层，同时含有不同比例的纯 Zn 和纯 Al，在极化测试中表现出介于纯 Zn 涂层和纯 Al 涂层之间的电化学特性。因此，Zn - Al 合金涂层兼有纯 Zn 涂层的阴极保护作用和纯 Al 涂层的隔离腐蚀介质的作用。

浸泡 16 天后，纯 Zn 涂层和 Zn - Al 涂层的 E_{corr} 有了较大的提高，而其 I_{corr} 分别由原来浸泡 0.5 天时的 $452.5\mu A/cm^2$ 和 $135.6\mu A/cm^2$ 降低到 $120.92\mu A/cm^2$ 和 $58.29\mu A/cm^2$。自腐蚀电流密度的减小说明其防腐性比腐蚀初期有了显著提高，而这主要是由表面腐蚀产物覆盖引起的，但是纯 Zn 涂层的自腐蚀电流密度仍然过高，这表明它的腐蚀产物结构较松散，涂层溶解仍较快。相对而言，纯 Al 涂层的 E_{corr} 和 I_{corr} 变化不大，说明纯 Al 涂层的钝化膜仍能起到较好的腐蚀屏障作用。

从以上电化学测试分析可以看到，纯 Zn 涂层自身耐蚀性较差，可对钢基体起到阴极保护作用；纯 Al 涂层自身具有较好的耐蚀性，对钢基体起腐蚀屏障作用；而 Zn - Al 合金涂层可兼顾阴极保护和腐蚀屏障作用。

表 4-9　涂层 Tafel 极化测试所得的电化学参数

试样	E_{corr}/V		$I_{corr}/(\mu A \cdot cm^{-2})$	
	浸泡 0.5 天后	浸泡 16 天后	浸泡 0.5 天后	浸泡 16 天后
纯 Zn	-1.170	-1.080	452.5	120.92
纯 Al	-1.025	-1.038	6.291	10.30
Zn-Al 合金	-1.138	-1.054	135.6	58.29

4.4.4　复合涂层的配套性和耐蚀性研究

涂料具有经济、简便、适用范围广等特点，作为经典的防腐蚀技术在各个方面得到了广泛的应用。而其在典型的恶劣腐蚀条件下的性能，直接关系到它所保护的基体金属材料的腐蚀程度，影响到各金属构件的服役寿命。为了在实际的环境下达到最好的防护效果，往往要使用多种涂层配套施工。重防腐涂料一般由底漆、中间漆、面漆等三部分组成，除了要求各层之间具有良好的相容性、附着性、速干和防腐性能外，各部分的要求也不相同；底漆要求与所附着的介质有很好的黏聚力，湿润性强；中间漆的作用是较大地增加涂层厚度，且具有一定的弹性；而面漆则要求具有装饰性，能防止外界环境的腐蚀破坏。目前，国内对复合涂层的研究主要是各种有机或无机涂料配套的复合涂层，很少有金属涂层与涂料配套的复合涂层的系统研究。因此，通过附着力实验、浸渍实验、中性盐雾实验和扫描电镜分析等技术手段，系统研究"金属喷涂层底漆/环氧云铁中间漆/丙烯酸聚氨酯面漆"和"环氧富锌底漆/环氧云铁中间漆/丙烯酸聚氨酯面漆"两类复合涂层体系的配套性及耐蚀性能具有重要的意义。

表 4-10 是表 4-4 中所设计的两大类四种（1 号、2 号、3 号、4 号）复合涂层的结合强度数据。由此可见，四种复合涂层结合强度差异不大，结合强度都达到了 8 级，金属喷涂层和环氧富锌涂层两大类底漆与中间漆和面漆均具有良好的结合性。

表 4-10　复合涂层结合强度试验结果

涂层类型	结合强度	涂层表面情况
1 号	8 级	切割交叉处有少许涂层脱落
2 号	8 级	切割交叉处有少许涂层脱落
3 号	8 级	切割交叉处有少许涂层脱落
4 号	8 级	切割交叉处有少许涂层脱落

将四种复合涂层在 3.5wt% NaCl 水溶液中浸泡，观察试样表面涂层的状态变化及腐蚀情况，并通过失重计算涂层的腐蚀速率，经过 4 个月（122 天）的浸渍腐蚀，四种复合涂层表面仍无明显腐蚀破坏现象，涂层略有失重。四种复合涂层浸泡 4 个月后 EIS Nyquist 谱线中的低频阻抗模值始终保持在 10^{11} ohms·cm^2 左右，说明涂层较好地隔绝了腐蚀介质与基体的直接接触，腐蚀介质未能渗入聚氨酯面漆，从而使得基体金属得到了很好的保护。

通过中性盐雾（NSS）腐蚀实验，进一步研究涂层在受到外界应力作用而引起局部破坏后的耐蚀性变化。四种复合涂层的表面涂装均匀，在其表面作划痕后，均无涂层脱落现象。经过 120h 盐雾腐蚀试验后，2 号样品，即热喷涂纯 Al 涂层为底漆的复合涂层出现了明显的起泡现象；4 号样品，即环氧富锌涂层为底漆的复合涂层出现了少量的铁锈，但没有产生起泡现象。另外两种样品，即纯 Zn 涂层和 Zn－Al 合金涂层为底漆的复合涂层则未出现明显的起泡和铁锈现象。经过 1000h 的盐雾腐蚀试验后，热喷涂纯 Al 涂层为底漆的复合涂层已完全脱落，并产生了大量的铁锈，涂层已完全失效；环氧富锌涂层为底漆的复合涂层则出现了大量的铁锈，但始终未出现起泡现象。而纯 Zn 涂层和 Zn－Al 合金涂层为底漆的复合涂层只出现了少量的起泡。当复合涂层局部破坏后，裸露的钢基体将直接暴露在侵蚀环境中。纯 Zn 和 Zn－Al 涂层可对裸露的钢基体提供阴极保护，从而保证了钢基体不发生锈蚀；纯铝和环氧富锌涂层虽然自身耐蚀性较好，但未能向裸露钢基体提供阴极保护，从而导致了钢基体的大量锈蚀。

　　图 4－3 给出了 Zn－Al 合金喷涂层底漆/环氧云铁中间漆/丙烯酸聚氨酯面漆复合涂层（3 号样品）与环氧富锌底漆/环氧云铁中间漆/丙烯酸聚氨酯面漆复合涂层（4 号样品）在中性盐雾腐蚀 1000h 后划痕附近的腐蚀 SEM 形貌和 EDS 分析谱。3 号样品腐蚀产物既含

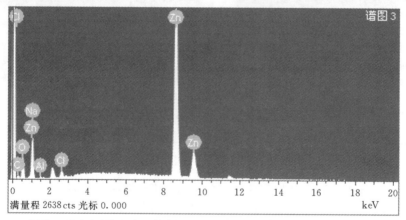

(a)Zn－Al 合金底漆/环氧云铁中间漆/丙烯酸聚氨酯面漆复合涂层（3 号样品）

图 4－3（一）　不同底漆复合涂层中性盐雾腐蚀 1000h 后 SEM 形貌及 EDS 分析谱

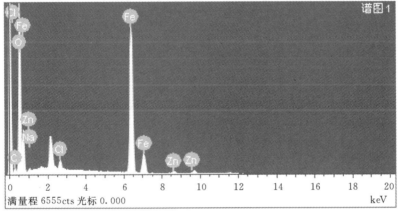

（b）环氧富锌底漆/环氧云铁中间漆/丙烯酸聚氨酯面漆复合涂层（4 号样品）

图 4-3（二）　不同底漆复合涂层中性盐雾腐蚀 1000h 后 SEM 形貌及 EDS 分析谱

有锌元素，也含有铝元素，只是铝元素的含量很低，这表明在腐蚀初期盐雾主要破坏的是铝形成的钝化膜，而在腐蚀中后期，起到防腐作用的主要是锌的牺牲阳极的阴极保护作用。总体而言，Zn-Al 合金喷涂层底漆/环氧云铁中间漆/丙烯酸聚氨脂面漆的复合涂装体系的防腐性能要明显优于环氧富锌底漆/环氧云铁中间漆/丙烯酸聚氨脂面漆的复合涂装体系。

　　因此，从复合涂层的耐蚀性来看，纯 Zn 和 Zn-Al 合金为底漆的复合涂层耐蚀性较好，而纯 Al 和富锌涂层为底漆的复合涂层耐蚀性较差。从复合涂层的配套性来看，环氧富锌与中间漆和面漆的结合较好，故而未见产生起泡现象。而纯 Al 为底层的复合涂层，由于纯 Al 底漆与中间漆和面漆的结合较差，涂层脱落而完全失效。综合涂层配套性和耐蚀性来看，当复合涂层发生局部破坏后，Zn-Al 合金为底漆的复合涂层综合性能较好，纯 Al 为底漆的复合涂层综合性能较差。

参 考 文 献

[1]　Snyder B，Kaiser M J. Ecological and economic cost-benefit analysis of offshore wind energy ［J］.

Renewable Energy，2009，34（6）：1567－1578.

［2］ Breton S，Moe G. Status，plans and technologies for offshore wind turbines in Europe and North America［J］. Renewable Energy，2009，34（3）：646－654.

［3］ 刘新．海上风电场的防腐涂装［J］. 中国涂料，2009，24（11）：17.

［4］ 詹耀．海上风电设施的防腐技术及应用于［J］. 上海涂料，2012，50（8）：22－27.

［5］ Roberge P R. Handbook of corrosion engineering［M］. New York：McGraw-Hill，2000.

［6］ Brondel D，Edwards R，Hayman A，et al. Corrosion in the oil industry［J］. Oilfield review，1994，6（2）：4－18.

［7］ 严恺．海港工程［M］. 北京：海洋出版社，1996.

［8］ 柯伟，杨武．腐蚀科学技术的应用和失效案例［M］. 北京：化学工业出版社，2006.

［9］ 侯保荣．海洋腐蚀环境理论及其应用［M］. 北京：科学出版社，1999.

［10］ 任彦忠，王利民．海上风电塔筒防腐系统的选择与运用［J］. 风能，2012（4）：16.

［11］ 古雅琦，王海龙，杨怀宇．特种风力发电机组塔筒防腐方案研究［J］. 可再生能源，2012（9）：106－108.

［12］ 金晓鸿．防腐蚀涂装工程手册［M］. 北京：化学工业出版社，2008.

［13］ 杨丽霞，李晓刚，程学群，等．水，氯离子在丙烯酸聚氨酯涂层中的扩散传输行为［J］. 中国腐蚀与防护学报，2006，26（1）：6－10.

［14］ Carter J. North Hoyle offshore wind farm：design and build［J］. Proceedings of the ICE－Energy，2007，160（1）：21－29.

［15］ 时士峰，徐群杰，云虹，潘红涛．海上风电塔架腐蚀与防护现状［J］. 腐蚀与防护，2010，31（11）：875－877.

［16］ 徐亮，唐一文，龚书生，等．碳纳米管改性无机-有机水性富锌涂料的制备及其性能［J］. 腐蚀与防护，2008，29（6）：309－312.

［17］ 胡涛，薛银飞，王建军，等．气相二氧化硅对环氧富锌涂料性能的改性研究［J］. 广东化工，2009，36（5）：11－15.

［18］ 傅晓平，龙兰，李岩，等．环氧富锌聚苯胺杂化金属重防腐水性涂料的研制［J］. 表面技术，2009，38（2）：80－84.

［19］ Krishnan S M. Studies on corrosion resistant properties of sacrificial primed IPN coating systems in comparison with epox y-PU systems［J］. Progress in Organic Coatings，2006，57（4）：383－391.

［20］ Pathak S S，Sharma A，Khanna A S. Va lue addition to waterborne polyurethane resin by silicone modification for developing high performance coating on aluminum alloy［J］. Prog ress in Organic Coatings，2009，65（2）：206－216.

［21］ 高丽君，周立明，方少明，等．丙烯酸酯类聚氨酯/蛭石纳米复合材料的制备与性能研究［J］. 工程塑料应用，2009，37（5）：13－16.

［22］ 周树学，陈国栋，武利民，等．丙烯酸酯聚氨酯/SiO_2纳米复合涂层结构与形态对其耐刮伤性影响研究［J］. 涂料工业，2006，36（5）：1－4.

［23］ 毛晨峰，王新灵．羟基丙烯酸聚氨酯/金红石型纳米 TiO_2 改性复合材料研究［J］. 化学建材，2007，23（2）：30－32.

［24］ Saha M C，Jeelani S. Enhancement in thermal and mechanical properties of polyurethane foam in-fused with nano par ticles［J］. Mater ials Science and Engineering A，2008，479（2）：213－222.

第5章 海上风机基础的腐蚀与防护

海上风机基础是海上风电机组的重要支撑部件。国际电工委员会标准 IEC 61400—2009《海上风机设计要求》将风力发电机偏航系统以下的整个结构部分定义为支撑结构，支撑结构包括塔架、下部结构和基础。与海床直接接触（包括海床上和海床下）的部分定义为基础，位于水面以上的通道平台作为塔架和下部结构的分界线。海上风机基础长期矗立在恶劣的海洋环境里（受风、波浪、潮流和结冰的影响较大），体积庞大，造价昂贵（约占海上风电场总投资中的 15%～25%），其经济性和可靠性是当前海上风电发展面临的挑战。因此，积极地吸收国外海上风电场建设的经验，大力发展适合我国国情的海上风机基础结构，对我国海上风电产业的发展至关重要。

5.1 风机基础的主要型式

海上风机基础的型式与海床的地质结构情况、海水深度、离岸距离、海上风和浪的荷载特性以及海流和冰等的影响有关，同时还需要考虑工程的经济性。固定式和浮式是两大类型的海上风机基础的型式，底部固定式适用于水深较浅的海域，浮式适用于深水海域。

目前，海上风电场大多建造在水深较浅的海域，底部固定式结构应用较为广泛。支撑结构的下部结构主要有三脚架、四脚架和导管架几种结构型式，单桩基础、多桩基础、重力式基础和负压桶基础是底部固定式结构的几种基础型式。

单桩基础为国外海上近海风机基础常用的结构型式，所用钢管桩直径为 3～6m 或以上，壁厚约为直径的 1%，长度在 20～35m 之间。单桩基础安装在海床下 10～20m，深度取决于海床面的类型。单桩基础不需做海底准备，制造和施工都比较简单，但是基础受海底地质和水深影响较大，施工安装费用较高。

多桩基础一般为三桩和四桩，桩径较小，钢管桩通过特殊灌浆载桩模与上部结构相连，适于在深海域建造，是将来要大力发展的基础型式。我国东海大桥海上风电场是亚洲第一座大型海上风电场，位于东海大桥东侧的海域，风电场总装机容量 100MW，拟布置 20 台单机容量 5MW 的风电机组，采用四桩基础，下部结构为四角架结构，塔架为钢管。

重力式基础靠重力使风机保持垂直，其结构简单、造价低，受海床砂砾影响不大，其稳定性和可靠性已得到证实。重力式基础底面为平面，主要设计考虑的是避免重力基础和海床间的浮力，这点可以通过施加足够的压载物达到，所以重力基础在几种基础型式中尺寸和重量较大。重力式基础可以是钢结构也可以是钢筋混凝土结构。

负压桶基础是一种新的基础结构概念（即吸力式基础），所谓负压是指用来安装沉箱

（桶）时用的方法，目的是负压效应可以部分地承担动态峰值负载。这种方法是传统桩基和重力基础的结合，适于砂性土及软黏土，丹麦 Frederikshavn 海上风电场的建设中首次使用了负压筒基础，这种基础利用负压方法进行海上施工，大大节省了钢材用量和海上施工时间，降低了成本。

　　海上风机基础型式的水平荷载和倾覆力矩远远大于海洋石油平台，而竖向荷载小于海洋石油平台，因此，其基础的承载型式和特点不同于海洋石油平台。当前，我国发展海上风电产业将以桩基结构为主要基础结构型式，而桩基结构中，单桩结构对于渤海和东海的水深和地质条件（多为淤泥质软基海底）是较为合适的基础结构型式，但我国目前的海上施工能力限制了该结构的应用，故有些风电场如东海大桥风电场最终选择了四角架结构。为了保证我国海上风电产业的健康持续发展，有必要开发出符合我国国情且经济指标优良的海上风机基础型式。

5.2　风机基础的选择

　　海上风机基础的选择主要取决于成本、水深、地质与海床条件、安装方式等。

5.2.1　成本

　　成本是海上风机基础选择的控制因素，从欧美等国的海上风能开发实践证明，浅海风力发电在技术上可行，但在降低成本和提高可靠性方面仍需要进一步研究。

5.2.2　水深

　　水深是决定海上风机基础型式选择的重要因素。挪威船级社（DNV）标准中根据海水深度和经济性推荐了海上风机基础的选择，重力式基础适用于水深 0～10m 水域；单桩基础适用于水深 0～30m 水域；三脚架/导管架适用于大于 20m 水域；负压筒基础适用于水深 0～25m 水域；浮式基础适用于水深大于 50m 水域。目前欧洲海上风电场在浅水区主要采用单桩基础，较深水域多采用多桩基础型式。

5.2.3　地质、海床条件

　　由于各种海上风机基础的特点，决定其适用于各自不同的地质条件、海床条件。单桩基础由于主要有桩侧土压力抵抗外部荷载，所以适用于地质条件较好的水域；重力式基础适用于浅水的各种地质条件，能有效抵抗各种外部荷载，但是在需要大量海床准备的水域，不具备经济优势；负压筒基础在用钢量、运输及安装上有很大优势，但是其海上安装方式使得它仅适用于砂性土或软黏土。多桩基础适用于各种水深、地质条件的风电场，并具有很好的可靠性，其应用主要受经济性问题约束；浮式基础适用于各种地质、海床条件的较深水域，这种基础目前正逐步走向应用，但是在环境荷载较大的风电场，浮式基础能否为海上风机提供满足要求的稳定性还需进一步研究。

　　海床条件包括海底平整度和海底冲刷淤积。单桩基础、多桩基础对海床条件不敏感，冲刷对其影响较小；重力式基础对海床条件非常敏感，海底平整度对其施工量和工期影响很大，为了防止冲刷对基础的承载力产生影响，重力式基础需大量的基础防护措施；负压筒基础对海床条件敏感，但是较重力式基础小很多，负压筒基础的安装需要进行海底平整，并进行防冲刷防护。

5.2.4　安装方式

海上风机基础的选择与风机安装方式有一定的关系，除基础与风机一体安装法之外，基础的安装是风机安装过程中单独的一个环节，并且对风机塔架的安装起着影响。海上风机安装基本都是由自升式起重平台和浮式起重船两类船舶完成的，船舶可以具备自航能力也可以是非自航。单独或联合采用何种方式安装取决于水深、起重能力和船舶的可用性。目前应用于海上风机安装的船舶有大型起重船、自生式起重平台、自航式风机安装船、桩腿固定式风机安装船、离岸动力定位及半潜式安装船等。海上风机的打桩设备主要有蒸汽打桩锤和液压式打桩锤，根据需要安装在安装船上。

5.3　风机基础的适用性分析

欧洲海底较平坦，海床大体上由非常硬的黏土组成，粗砂层和岩石层交错分布，对风电机组的支撑结构构成较好的持力层，多采用重力式基础和单桩基础。我国近海海床沉积环境复杂，黏土、粉砂层厚度多在20m以上，无法形成良好的基础持力，基础造价高，施工难度大，因此需根据具体地质条件，以及我国海上安装能力确定基础型式。

5.3.1　我国沿海水域地质条件

我国渤海水深较浅，辽东湾北部浅海区水深多小于10m，海底表层为淤泥、粉质黏土、淤泥质粉砂、粉土和粉砂层，承载力小，易液化，不适宜作持力层；底部沉积物以细砂为主，承载力相对较大，可作持力层。黄河口海域多为黄河泥沙冲淤海底；渤海的大部分海域冲刷现象也较为严重，冬季有冰荷载的作用。渤海大部分水域不宜采用重力式基础和负压筒基础，可采用单桩基础和多桩基础。单桩基础与多桩基础在海床活动区域和海底冲刷区域是非常有利的，并且对水深变化不敏感。

东海平均水深在5~15m的海域多为淤泥质软基海底，不适宜采用重力式基础，可采用桩基结构和负压筒基础结构。东海大桥风电场的备选基础结构为三脚架基础、四脚架基础、高桩承台群桩基础和单桩基础。这四种基础结构中，单桩基础的经济性最优，但其施工机具和技术要求均较高，故东海大桥风电场最终选择了多桩承台结构。

南海北部湾和琼州海峡的海底表层沉积物主要为陆源碎屑堆积，颗粒较细，主要为淤泥、粉质黏土和粉砂，其次为粉土和中砂，以黏土、粉砂和细砂为主。在琼州海峡侵蚀洼地的边缘和潮流沙脊下部发育有大中型沙波。海底沙波的存在使海底坎坷不平，同时，沙波和大波痕都是迁移型海底微地貌，表明海底泥沙运动较强，沙波活动伴随着海底强烈冲刷、淤积及泥沙群体运动，海底稳定性差。因此，也不宜采用重力式基础和负压筒基础，桩基础是较好的选择。由于南海的水深较大，且海洋环境条件恶劣，应采用刚度较大的多桩基础。

5.3.2　海上安装能力

海上风机基础安装方式主要有钻孔和打桩。单桩基础直径较大，其打桩设备要求较高，目前国内有中国海洋石油公司、中交三航局进口了相关设备，具备了 6m 直径单桩基础的海上施工能力，南通市海洋水建工程有限公司正在建造的自生式海上风电设备安装船——海洋 36 号和海洋 38 号也安装了能够进行 5m 直径单桩基础海上安装的打桩锤，其海洋 32 号潮间带风电打桩船具备 3m 直径单桩基础的海上施工能力。重力式基础的海上安装主要是海上吊装能力的问题，国内起重量大于 1000t 的起重船都具备重力式基础的海上安装能力；负压筒基础由于采用负压下沉就位，所以其海上安装不存在问题；多桩基础由于是多个小直径的桩组成，其海上安装与海洋工程、港口工程的打桩完全一样，海上施工过程不存在问题；浮式基础的海上施工过程与深水海洋平台完全一致，不存在技术方面的问题。

我国海上风机吊装、打桩等施工能力的不断提高，为开发海上风能提供了必要的保障。海上风机安装船三航风范号、自生式海上风电设备安装船海洋 36 号和海洋 38 号、海上风电工程沉桩工程船舶海洋 28 号、风力发电机组吊装船海洋 29 号、潮间带风电打桩船海洋 32 号等越来越多的专业海上风机安装船舶的建造使得我国海上风电场能够依靠国内力量顺利建造。

5.4　风机基础钢筋混凝土的腐蚀防护

海上风机的支撑结构属于高耸建筑物，在运行过程中受到的风和波浪引起的应力的作用更加复杂。与港口码头、海上大桥、海洋采油平台等大型海上构筑物相比，海上风机支撑结构防腐措施的实施、维护和维修更加困难，工程费用昂贵。因此，用于海上风电场支撑结构的防腐措施应具有优异的防腐蚀效果、施工简便、使用年限长、不需维护管理等特点。一般应在建设前对场地范围内的环境水（地下水和地表水）进行采样分析，以确认建设场地环境水的腐蚀性及腐蚀类别，并确定风机基础的防腐类别及等级。

在海上风机支撑结构的防腐蚀方面，欧洲一些国家已取得了很多的应用实践经验，挪威船级社标准 DNV-OS-J101—2007《海上风机结构设计》，对支撑结构的腐蚀防护已作出规定。由于该标准的有效性和权威性，已在欧洲地区的海上风电场建造中广泛应用。

5.4.1　沿海地区钢筋混凝土结构腐蚀机理

（1）混凝土的 SO_4^{2-} 腐蚀。环境水中的硫酸盐对混凝土的侵蚀是一个复杂的物理化学过程：SO_4^{2-} 由环境溶液进入混凝土孔隙中与水泥石中的氢氧化钙和水化铝酸钙反应生成钙矾石结晶固相，体积增大 94%，引起混凝土的膨胀、开裂、解体。当 SO_4^{2-} 浓度较高时，还会有石膏结晶析出。石膏结晶的生成不仅使固相体积增大 124%，引起混凝土膨胀开裂，还会导致混凝土的强度损失和耐久性下降。

有些资料认为当侵蚀溶液中的 SO_4^{2-} 浓度在 1000mg/L 以下时，只有钙矾石结晶形成，当 SO_4^{2-} 浓度非常高时，石膏结晶侵蚀才起主导作用。但当混凝土处于干湿交替状态，即使环境溶液中的 SO_4^{2-} 浓度不高，也往往会因为水分的蒸发而使石膏结晶侵蚀成为主要因素。

（2）混凝土中钢筋的 Cl^- 锈蚀。混凝土结构中的钢筋是承受拉力的主要部件，混凝土中钢筋的锈蚀是一个电化学腐蚀过程。普通硅酸盐水泥配制的密实混凝土，水泥的水化作用使内部溶液具有高碱性，在未经碳化之前，pH 值约为 13，使钢筋表面形成一层致密的钝化膜，厚度约为 $0.2\sim1\mu m$，可保护钢筋免以生锈。

当混凝土表面碳化并深入到钢筋表面，或者混凝土中原生的和各种原因产生的裂缝，使周围空气、水和土壤中的 Cl^- 到达钢筋表面，都将降低混凝土的碱度（pH 值），破坏钢筋局部表面上的钝化膜，露出铁基体，它与完好的钝化膜区域之间形成电位差，锈蚀点成为小面积的阳极，而大面积的钝化膜为阴极。大阴极的阴极反应生成 OH^-，提高 pH 值；小阳极表面的铁溶解后生成 $Fe(OH)_2$，成为固态腐蚀物。钢筋锈蚀后首先出现点蚀，随之发展为坑蚀，并较快地向外蔓延、扩展为全面锈蚀。钢筋锈蚀产物的体积均显著超过铁基体的数倍，钢筋沿长度方向的锈蚀和体积膨胀，使构件发生顺筋裂缝，裂缝的扩张更加速了钢筋的锈蚀、保护层的破损和爆裂、黏聚力的破坏和钢筋抗力的下降，最终使构件承载力失效。

5.4.2　海上风机基础钢筋混凝土防腐措施

完好的混凝土能够向其内钢筋提供一个良好的防腐蚀环境。只有混凝土自身受破坏（如硫酸盐侵蚀）、碱度降低（低于临界值）或有害离子入侵时，钢筋混凝土结构物才会发生腐蚀破坏。因此，最大限度地保证混凝土自身的密实完好、保持高碱度和防止有害离子入侵，是钢筋混凝土防腐措施的出发点。提高混凝土自身的防护能力主要采取如下措施：

（1）原材料的选择。

1）水泥。水泥是水泥砂浆和混凝土的胶结材料。水泥类材料的强度和工程性能，是通过水泥砂浆的凝结、硬化而形成。水泥石一旦遭受腐蚀，水泥砂浆和混凝土的性能将不复存在。由于各种水泥的矿物质组分不同，因而它们对各种腐蚀性介质的耐蚀性就有差异。正确选用水泥品种，对保证工程的耐久性与节约投资有重要意义。水泥按其用途及性能要求分为三类，即通用水泥、专用水泥和特殊水泥。

2）粗、细集料。发生碱—集料反应的必要条件是碱、活性集料和水。粗、细集料的耐蚀性和表面性能对混凝土的耐蚀性有很大影响，集料与水泥石接触的界面状态对混凝土的耐蚀性有一定影响。混凝土中所采用的粗细集料，应保证致密，同时控制材料的吸水率以及其他杂质的含量，确保材质状况。我国幅员辽阔，集料种类千差万别，在不少地域均发现过活性集料，这些活性集料共分两类，一类为碱—硅酸反应（ASR）；另一类为碱—碳酸盐反应（ACR），施工中要严格加强对活性集料的控制。

（2）防腐混凝土的配合比设计。混凝土配合比的设计，应按以下两种情况进行：①按设计要求的强度（即按正常要求的强度）进行配合比设计；②腐蚀环境条件下的结构应采用密实混凝土、高密实混凝土或特密实混凝土，混凝土的密实性用直接指标（即渗透系数或相应的抗渗标号）表示，按密实度的要求进行配合比设计，但强度等级往往大于前者。

腐蚀环境中的混凝土配合比设计，必须取用上述两种情况中强度等级的较高者。

在山东某风电场工程中，为防止地下水中 Cl^- 对钢筋的侵蚀，在配合比设计中要求混凝土抗 Cl^- 侵蚀指标应达到：电量指标（56 天龄期）小于 1000C，Cl^- 扩散系数（28 天龄期）小于 $6 \times 10^{-12} m^2/s$。

对混凝土的密实度主要通过抗渗等级来控制，要求达到 P10 级。同时为提高混凝土抗裂和耐久性能要求在混凝土中掺入矿渣、粉煤灰、硅灰或其他优质矿物掺合料，加入适量的引气剂、高效减水剂。

（3）高性能混凝土。近年来高性能混凝土得到了人们的普遍关注，它具有高工作性、高耐久性、高尺寸稳定性和较高强度，特别是它的高抗 Cl^- 渗透性，显著提高了混凝土本身的护筋性能，使许多国家把高性能混凝土作为新建筑材料。在我国，高性能混凝土已作为提高混凝土耐久性的有效措施用于海洋工程，防腐蚀技术规范首次将高性能混凝土作为海工混凝土结构防腐蚀首选措施列入规范，其中抗 Cl^- 渗透性不应大于 1000C。

混凝土用水泥宜采用硅酸盐水泥，如普通硅酸盐水泥、矿渣硅酸盐水泥、火山灰质硅酸盐水泥及粉煤灰硅酸盐水泥，其质量应符合现行国家标准，标号不得低于 425 号。

骨料应选用质地坚固耐久，具有良好级配的天然河沙、碎石或卵石，不宜采用海砂。粗骨料的最大粒径，在浪溅区，应不大于保护层厚度的 2/3，当保护层厚度为 50mm 时，不大于保护层厚度的 4/5；在其他区域，不大于保护层厚度的 4/5。上述规定主要考虑到粗骨料与水泥砂浆的接触面一般是薄弱环节，Cl^- 易从界面渗到钢筋周围。

（4）钢筋涂层。根据氯化物对混凝土内钢筋发生腐蚀作用必须具备的条件，可以通过防止氯化物接触钢筋表面、防止发生钢筋为阳极的电化学反应两个方面保护混凝土内钢筋免受腐蚀。

控制好拌制混凝土的原材料中氯化物的含量，在钢筋混凝土中不得掺入氯化钙、氯化钠等氯盐。选择混凝土的材料和配合比时，除满足混凝土的强度外，应尽量提高混凝土的密实性、抗渗性，包括选择能降低氯化物在混凝土内扩散速度的水泥品种，减少水灰比，并加强施工管理。根据结构情况，适当增加钢筋保护层厚度，以延缓氯化物到达钢筋表面的时间。

混凝土中的钢筋锈蚀通常是微电池的作用结果，其主要原因是：①钢筋不是单一的金属体，它同时含有金属碳、硅、锰等合金元素和杂质，不同的元素在相同或不同的介质中，其电位差不尽相同，混凝土中的水等介质会构成离子通路，钢筋本身就是很好的电子通路，完全具备微电池的必要条件；②混凝土中各部位的介质成分、浓度各有差异，钢筋表面钝化不同，碱度随着时间的变化而变化，这些都是微电池的形成条件。

防止发生钢筋为阳极的电化学反应，有阴极保护和抑制氧化两种办法，目前主要采用阴极保护法。通过输入保护电流或在钢筋附近安放比铁活泼的 Zn、Al 金属的办法，使被保护的钢筋成为阴极，从而减小或防止其腐蚀，这种办法已得到广泛应用并积累了较为成熟的经验。

（5）镀 Zn 层。镀 Zn 是钢铁保护的重要手段，在混凝土钢筋保护方面，热浸镀 Zn 钢筋技术最早于 20 世纪 30 年代在美国首先使用。经除锈后的钢筋，浸渍在熔融的 Zn 液中，在钢筋表面覆盖上 Zn 层就成了镀 Zn 钢筋。

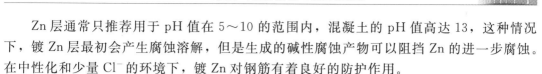

Zn层通常只推荐用于pH值在5~10的范围内，混凝土的pH值高达13，这种情况下，镀Zn层最初会产生腐蚀溶解，但是生成的碱性腐蚀产物可以阻挡Zn的进一步腐蚀。在中性化和少量Cl^-的环境下，镀Zn对钢筋有着良好的防护作用。

（6）粉末涂层。钢筋用粉末涂料进行防腐处理的研究开发最早始于美国，如今涂层钢筋的涂装技术已十分成熟，有一整套完备的产品质量检测手段。与镀Zn、涂塑、阴极保护等防腐技术相比，涂层钢筋具有防腐效果好、涂装工艺简单、涂层厚度易于控制、对环境无污染、具有成本效益等优势，因此得到迅速发展。

国外的大量研究和多年的工程应用表明，采用这种钢筋能有效地防止处于恶劣环境条件下的钢筋被腐蚀，从而大大提高工程结构的耐久性。在美国，由于冬季需要大量的消雪用盐撒在路桥上面，对混凝土内的钢筋危害很大，因此采用涂层钢筋已经成为必要的防腐措施。

用环氧树脂粉末涂料进行防腐处理的涂层钢筋，涂层厚度一般在0.15~0.30mm。涂层一般用环氧树脂粉末以静电喷涂方法制作：将普通钢筋的表面进行除锈、打毛等处理后加热到230℃的高温，再将带电的环氧树脂粉末喷射到钢筋表面，牢牢吸附并与其熔融结合，经过一定的养护固化后便形成一层完整、连续、包裹住整个钢筋表面的环氧树脂薄膜保护层。环氧树脂涂层不与酸、碱等反应，具有极高的化学稳定性，延性大且干缩小，与金属表面具有极佳的附着力。环氧粉末涂层在钢筋表面形成的物理屏障可以有效地阻隔水分、氧、氯化物或侵蚀性介质的侵蚀，同时，还因为其具有阻隔钢筋与外界电流接触的功能而被认为是化学电离子防腐屏障。

（7）钢筋阻锈剂。在浇筑混凝土时，加入钢筋阻锈剂，主要目的是保持混凝土的高碱性，使混凝土处于钝化状态。阻锈剂的加入是有限的，过多会影响混凝土的自身强度。由于CO_2和Cl^-的不断侵蚀，混凝土不可能永久保持高碱性，所以，钢筋阻锈剂的作用是有限的。

（8）硅烷浸渍。硅烷浸渍是利用硅烷活性物质（主要是异丁烯三乙氧基硅烷）的渗透性，并与混凝土基材中的碱性物质作用，生成数毫米到数十毫米的憎水薄膜，它不会改变混凝土表面的外观，表面磨损也不会破坏防水薄膜，提高了混凝土表面的防水、抗渗能力。

（9）混凝土结构表面用涂料类别。可以用于混凝土表面的涂料品种很多，但是由于海上风机基础要求长久性保护，因此海上风机基础表面主要使用的涂料如下：

1）氯化橡胶涂料。氯化橡胶涂料的耐水性和耐化学品性能很好，耐碱性强，与混凝土表面附着力强，干燥快，单组分施工简便，重装性能好。近年来氯化橡胶的生产受到了限制，因此氯化橡胶涂料用量已经大大减少。

2）环氧涂料。环氧涂料对混凝土表面有很好的附着力，并且耐化学品性能优良。液态树脂和液态固化剂配制的环氧涂料，渗入混凝土表面较深，增强混凝土的表面强度和密度。环氧涂料是目前混凝土表面进行重防腐应用最主要的涂料品种，其中的环氧清漆、环氧厚浆涂料和环氧云铁中间漆、丙烯酸聚氨酯面漆可以配套成为高性能的耐蚀长效保护系统。

3）聚氨酯涂料。聚氨酯涂料与环氧涂料有着相似的性能，而且弹性更好，能弥补混凝土表面细小的裂缝。由于耐化学品性能突出，广泛用于混凝土储槽内壁衬层。对于大气腐蚀环境中的海上风机基础来说，脂肪族聚氨酯涂料耐候性优异，是与环境封闭涂料和环氧中间漆配套的首选高装饰性面漆。

5.4.3　海上风机基础钢结构腐蚀防护

对于海上钢结构的防腐蚀，目前世界各国都已经制定了有关的标准，如：国际标准 ISO 19902—2007《石油和天然气工业——海上固定式钢质结构物》，挪威船级社标准 DNV‐OS‐C101—2004《海上钢结构设计，总则》，美国腐蚀工程师协会标准 NACE RP 0176—2003《海上固定式钢质石油生产平台的腐蚀控制》，我国交通部标准 JTJ 153‐3—2007《海港工程钢结构防腐蚀技术规范》，我国海洋石油天然气行业标准 SY/T 10008—2000《海上固定式钢质石油生产平台的腐蚀控制》（等效采用 NACE RP 0176—1994），我国能源行业标准 NB/T 31006—2011《海上风电场钢结构防腐蚀技术标准》。

海上风机支撑结构中的钢结构长期暴露于海洋环境中，根据钢结构在海洋环境中不同位置腐蚀程度的不同，一般可将海洋腐蚀环境分为海洋大气区、浪溅区、潮汐区、全浸区和海泥区五个不同的腐蚀区带，浪溅区是钢结构腐蚀最严重的区域。

解决海上风机基础钢结构防腐蚀问题，有耐海水钢、腐蚀裕量、涂装法、阴极保护及包覆等方法，但各种方法都有自己的适用范围，见表5-1。

表5-1　防腐措施的适用范围

防腐措施	海洋大气区	浪溅区	潮汐区	全浸区	海泥区
耐海水钢	可用	可用	可用	可用	可用
腐蚀裕量	可用	必须	必须	可用	可用
涂装法	必须	必须	必须	可用	不需
阴极保护	无效	无效	可用	可用	可用
包覆	可用	可用	可用	不需	不需

耐海水钢为一种新型材料，在浪溅区和海洋大气中的腐蚀速度比一般碳素钢小很多，在金属被腐蚀时能增加锈层的致密性，且锈层膨胀率低，与涂料附着力不变，所以可对金属起保护作用，不会出现点蚀。经试验研究，耐海水钢的焊接性良好，没有冷裂纹倾向，且焊接接头的各种性能，如强度、硬度、弯曲、冲击性能均满足设计要求，耐疲劳性能好。但由于其经济性较差，故较少采用。

腐蚀裕量是根据一定使用年限内计算得到的钢材腐蚀厚度，对设计结构截面厚度主动增大，以满足其腐蚀要求的方法，即实际钢材厚度＝腐蚀厚度＋满足各种承载条件的设计厚度。腐蚀裕量法不能阻止腐蚀的产生，使用时需注意点蚀对风机基础寿命的影响。

涂装法是采用底漆、中间漆和面漆组成的多层涂装体系。涂装的选择应考虑周围环境，对不同的腐蚀环境，不同涂料的耐久性不同，但需保证相应的基材表面处理的等级。底漆必须与金属基材附着良好，并成为其他附加涂层良好附着的基础。底漆包括抑制性颜料或重 Zn 粒子，防止金属腐蚀并为整个屏障系统提供更好的膜厚。中间漆和面漆提供额外的屏障保护，同时，面漆提供需要的颜色、光泽度和纹理，可以防护会导致涂装体系逐渐失效的天气（阳光、雨水）因素。浸渍环境中，面漆必须具有耐浸渍液体的化学性能。

海港工程钢结构防腐同时采用腐蚀裕量和涂装法，结构设计预留的腐蚀裕量应根据有涂层保护的基材腐蚀速率来确定。

包覆法是指为防止腐蚀，在结构物外表面复合一层耐蚀材料，以使原来表面与环境隔离。可采用包覆有机复合层、树脂砂浆、复合耐蚀金属层进行保护。

阴极保护法属于电化学保护技术，基本原理是对被保护的金属表面施加一定的直流电流，使其产生阴极极化，当金属的电位负于某一值时，腐蚀的阳极溶解过程就会得到有效抑制。根据提供阴极电流的方式不同，分成牺牲阳极法和施加电流法两种。牺牲阳极法是在钢结构表面附加较活泼的金属取代钢材的腐蚀；施加电流法将外部电流转变成低压直流电，通过辅助阳极将保护电流传递给被保护的钢结构，抑制腐蚀。该保护法主要用于水下或地下结构。

5.4.4 防腐设计方案

海上风机支撑结构防腐蚀措施的选择，应考虑结构的重要性、使用年限、当地腐蚀环境、结构部位、施工可行性、维护方法、防腐材料以及技术经济条件等。底漆选用原则要考虑强附着力、耐海水腐蚀、带阴极保护性质等。面漆、中间漆选用原则要考虑强附着力、耐候性（耐紫外线照射）、耐海水腐蚀、耐温差、耐磨防冲刷等。涂层设计使用年限采用 15 年。根据上述选用原则及不同防腐方法的适用性，确定不同分区的防腐设计方案。

（1）海洋大气区。海洋大气区采用涂料或金属热喷涂保护。

方案一：涂层设计使用年限采用 15～20 年，免维护；富裕厚度为 2mm；底漆为热喷 Zn（厚度不小于 120μm）；中间漆为环氧封闭漆（厚度不小于 30μm）；面漆为环氧玻璃鳞片涂料（1～2 遍，厚度 200μm）。

方案二：涂层设计使用年限采用 15～20 年，免维护；富裕厚度为 2mm；底漆为热喷 Al（厚度不小于 150μm）；中间漆为环氧封闭漆（厚度不小于 30μm）；面漆为环氧玻璃鳞片涂料（1～2 遍，厚度 200μm）。

（2）浪溅区。浪溅区采用涂料保护或金属热喷涂保护，对于重要构件，在涂料保护或金属热喷涂保护的基础上增加钢的腐蚀裕量。

方案一：涂层设计使用年限采用 15～20 年，需进行维护处理；富裕厚度为 4mm；底漆为热喷 Zn（厚度不小于 120μm）；中间漆为环氧封闭漆（厚度不小于 30μm）；面漆为环氧玻璃鳞片涂料（2～4 遍，厚度 600μm）；罩面漆为丙烯酸聚氨酯（2 遍，厚度 60μm）。

方案二：涂层设计使用年限采用 15～20 年，免维护；富裕厚度为 4mm；底漆为热喷 Al（厚度不小于 150μm）；中间漆为环氧封闭漆（厚度不小于 30μm）；面漆为环氧玻璃鳞片涂料（2～4 遍，厚度 600μm）；罩面漆为氟碳树脂（2 遍，厚度 40μm）。

（3）全浸区、海泥区上部。全浸区、海泥区上部采用阴极保护、阴极保护与涂料或金属热喷涂联合保护措施，涂料或金属热喷涂的作用主要为改善阴极保护电流分布和减少阳极用量。阴极保护应包括浪溅区平均潮位以下的部分。

对于底部固定式结构型式，由于波浪和水流的作用，泥面附近容易受到冲刷，对泥面附近的钢桩内壁和外壁宜增加钢的腐蚀裕量。

推荐方案：富裕厚度为 4mm；阴极保护中，底漆为热喷 Zn（厚度不小于 120μm）；中间漆为环氧封闭漆（厚度不小于 30μm）；面漆为环氧玻璃鳞片涂料（2～4 遍，厚度 60μm）；罩面漆为丙烯酸聚氨酯（2 遍，厚度 60μm）。

（4）海泥区下部。海泥区下部采用阴极保护。

推荐方案：富裕厚度为 4mm；阴极保护中，钢材表面清除毛刺、氧化铁皮（浮锈）、油脂等即可。

阴极保护在海洋工程钢结构防腐蚀领域已得到广泛应用。目前，国外有多个海上风电场已经使用了阴极保护技术。

美国 2004 年开工建设的鳕鱼岬海上风电场（Cape Wind）有 130 台单机容量为 3.6MW 的风机，总装机容量 468MW。风机采用单桩基础，下部结构和塔架均为钢管。根据水深不同，采用直径分别为 5.1m 和 5.5m 的两种钢管桩，桩打入泥面下的深度约为 26m，风机轮毂高度约为 78.6m。塔架和下部结构采取涂料保护，桩表面裸露，采取铝合金牺牲阳极阴极保护。

英国 2003 年建造的 North Hoyle 风电场有 30 台单机容量为 2.0MW 的风机，总装机容量为 60MW。风机采用单桩基础，下部结构和塔架均为钢管。钢管桩直径为 4.0m 和 5.1m，桩的长度约为 50m，打入泥面下的深度约为 25m。水下部分采取牺牲阳极阴极保护。

Q7 风电场是荷兰近期建设的第二个海上风电场，有 60 台单机容量为 2.0MW 的风机，总装机容量为 120MW。风机采用单桩基础，桩的直径为 4m，桩长为 54m，下部结构和塔架均为钢管。水下部分采用锌合金牺牲阳极保护阴极。

英国的 Burbo Bank 海上风电场有 25 台单机容量为 3.6MW 的风机，总装机容量为 90MW。风机采用单桩基础，桩的直径为 4.7m，桩长为 35m，下部结构和塔架均为钢管，水下部分采用阴极保护。

美国专利 7230347 B2 "海洋环境风机的腐蚀保护" 公布了一种用于海上风电场支撑结构的外加电流阴极保护系统。该专利认为，无论从安全还是环境角度考虑，或是在环境条件变化较大的海域中，外加电流阴极保护要比牺牲阳极保护更具优越性。

参 考 文 献

［1］ 葛燕，朱锡昶，李岩. 海上风电场风机支撑结构防腐蚀对策［C］//第十四届中国海洋（岸）工程学术讨论会论文集. 北京：海洋出版社，2009：1283－1286.

［2］ 林毅峰，李健英，沈达，等. 东海大桥海上风电场风机地基基础特性及设计［J］. 上海电力，2007（2）：153－157.

［3］ DNV－OS－J101—2007 海上风机结构设计［S］. 挪威船级社，2007.

［4］ IEC 61400－3 海上风机设计要求［S］. 国际电工委员会，2009.

［5］ P Schaumann，F Wilke. Current Development of Support Structures for Wind Turbines in Offshore Enviroment［C］. ICASS'05 Advances in Steel Structures，Vol. Ⅱ.

［6］ M Kühn，W. A. A. M. Bierbooms，et al. Structural and Economic Optimisation of Bottom-Mounted Offshore Wind Energy Converters-Executive Summary［R］. Opti-OWECS Final Report，Vol.

0.2007.

[7] NACE RP 0176—2003 海上固定式钢质石油生产平台的腐蚀控制 [S]. 美国腐蚀工程师协会，2003.

[8] DNV-OS-C101-2004 海上钢结构设计总则 [S]. 挪威船级社，2004.

[9] ISO 19902—2007 石油和天然气工业——海上固定式钢质结构物 [S]. 国际标准化组织，2007.

[10] JTJ 153-3—2007 海港工程钢结构防腐蚀技术规范 [S]. 中华人民共和国交通部，2007.

[11] SY/T 10008—2000 海上固定式钢质石油生产平台的腐蚀控制 [S]. 北京：石油工业出版社，2000.

[12] 美国专利 . US 7230347 B2，Corrosion Protection for Wind Turbine Units in Marine Environment [S].

[13] 邢作霞，陈雷，姚兴佳 . 海上风力发电机组基础的选择 [J]. 能源工程，2005 (6)：34-37.

[14] Mark Rodgers，Craig Olmsted. The Cape Wind Project in Context [J]. Leadership and Management in Engineering，2008 (7)：102-112.

[15] J. M. F. Carter BSc，DMS，CEng，FICE，MCMI. North Hoyle offshore wind farm：design and build [J]. Proceedings of the Institution of Civil Engineers，Energy 160，2007 (2)：21-29.

[16] Eize de Vries. North Sea construction：Installing monopiles for the Dutch Q7 offshore wind farm [J]. Renewable Energy World Magazine，2007 (10).

[17] 黄维平，刘建军，赵战华 . 海上风电基础结构研究现状及发展趋势 [J]. 海洋工程，2009 (2)：130-133.

[18] DNV-OS-J101. Design of offshore wind turbine structure [S]. 2004.

[19] 张崧，谭家华 . 海上风电场风机安装概述 [J]. 中国海洋平台，2009，3 (24)：35-41.

[20] 邢作霞，陈雷，姚兴佳 . 海上风力发电机组基础的选择 [J]. 能源工程，2005 (6)：34-37.

[21] 高立强，李固华 . 混凝土硫酸盐侵蚀影响因素探讨 [J]. 四川建材，2006，32 (4)：1-4.

[22] 元强 . 水泥基材料中氯离子传输试验方法的基础研究 [D]. 湖南：中南大学，2009：32-41.

[23] 王胜年，等 . 海工混凝土的长期耐久性研究 [J]. 水运工程，2001 (8)：20-22.

[24] 潘德强 . 我国海港工程混凝土结构耐久性现状及对策 [J]. 华南港工，2003 (2)：3-13.

[25] 田惠文，李伟华，宗成中，侯保荣 . 海洋环境钢筋混凝土腐蚀机理和防腐涂料研究进展 [J]. 涂料工业，2008 (8)：42-45.

[26] 刘新 . 防腐涂料与涂料应用 [M]. 北京：化学工业出版社，2008.

[27] 聂武，孙丽萍，李治彬，等 . 海洋工程钢结构设计 [M]. 哈尔滨：哈尔滨工业大学出版社，1994：43-54.

[28] 庞启财 . 防腐蚀涂料涂装和质量控制 [M]. 北京：化学工业出版社，2003.

第6章　海上风机其他关键部件的腐蚀与防护

海上风机的防腐重点是塔架，一般采用总体防腐措施（即将防腐目标与外界隔离）。同时，对风机机舱/轮毂（内部结构包括电气系统、传动系统）和风机叶片等的防腐也很重要，这些部件是组成风机并使其能正常运转、发挥效能不可或缺的部分，不仅需要总体防腐措施，而且还需加强局部防腐。

6.1　机舱/轮毂的腐蚀与防护

6.1.1　机舱/轮毂的工作环境

海上风电机组主要由基础、塔架、机舱/轮毂和叶片等部分组成，如图6-1所示。从具体构造上来讲，不同厂家的风机存在一些区别，大部分厂家将主轴、轴承座、齿轮箱、联轴器、机器刹车、发电机、变压器、偏航系统、变桨系统、电控系统等集成在机舱和轮毂内部，以减少现场安装的工作量。目前海上风机的轮毂高度一般在80～110m的范围内，按部位划分，风机基础结构处于浪溅区、潮汐区及全浸区，风机的机舱、轮毂、叶片和塔架则处于海洋大气区范围内。

海上风机的机舱/轮毂等主要服役于海洋大气环境中。海洋大气与内陆大气有着明显的不同，海洋大气湿度大，易在钢铁表面形成水膜；海洋大气中盐分多，它们积存于钢铁表面与水膜一起形成导电良好的液膜电解质，是电化学腐蚀的有利条件，因此海洋大气比内陆大气对钢铁的腐蚀程度要高4～5倍。

根据ISO 12944—2—1998《色漆和清漆——保护漆体系对钢结构的防腐保护　第2部分：环境分类》对于环境的定义，引擎仓、轮毂等面临的腐蚀环境应定义为"C5-M海洋性苛刻环境（非常高）"。而海上风电系统中的塔筒内壁、引擎仓、轮毂等因为在室内，盐分和湿度均稍低，可定义为"C4高腐

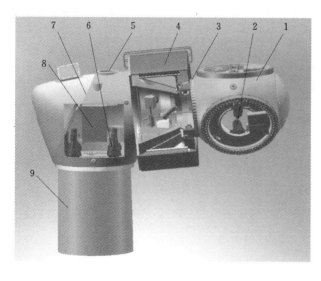

图6-1　风电机组的结构
1—轮毂；2—变桨系统；3—主轴承；4—永磁同步发电机组；5—测风系统；6—偏航系统；7—机舱；8—机舱控制柜；9—塔架

蚀环境"。

6.1.2 机舱/轮毂常用防腐方法

应用于风力发电机机舱/轮毂及其内部零部件的主要防腐方法有：热浸锌、电镀锌、达克罗和交美特技术以及喷锌（铝）涂层（或渗锌），另外还有采用耐候钢等耐蚀金属材料、涂装防腐蚀材料、涂抹防锈油脂以及采用阴极保护技术等。

6.1.2.1 热浸镀锌技术

对于风电机组中的整流罩和机舱罩的钢结构支架、塔架内的电缆桥架、钢结构梯子、扶栏以及其他结构和形状比较复杂的管件与钢构件等可采用热浸镀锌技术进行保护。热浸镀锌技术一般被用于受大气腐蚀较严重且不需维修的风电机组零部件的腐蚀防护中。热浸镀锌是将酸洗除锈后的钢构件浸入 60℃ 左右高温融化的锌液中，使钢构件表面附着锌层，对 5mm 以下金属基体的锌层厚度一般不小于 65μm，对大于 5mm 的金属基体的锌层厚度一般不小于 85μm。这种防腐处理方法的优点是耐久年限长，处理过程的生产工业化程度高，处理后的涂层质量稳定，处理过程中环境污染较电镀小。但是处理后零部件在恶劣环境气候下防护年限有限，特别是在海洋环境气候条件下，热浸镀锌零件经过一段时间后会产生腐蚀现象。因此，为了提高热浸镀锌零件在海洋等恶劣环境下的防腐能力，一般在零件表面再加涂复合防腐涂层，这样可以大大提高海洋环境下零件的腐蚀防护能力。热浸镀锌件暴露在海洋环境下的浪溅区和全浸区时，锌层作为阳极而牺牲自己，就会很快破坏或失效，因此在这些区域不宜使用热浸镀锌技术。

6.1.2.2 电镀锌技术

在风电机组中的一些非高强度连接（一般 8.8 级以下）的螺栓、螺母垫圈、电气连接及金属结构小件等一般采用电镀锌技术进行腐蚀防护。电镀锌相对于热浸镀锌而言是一种冷镀锌（或合金）技术。电镀锌是对金属制件表面进行防护、装饰或根据需要而获得某种新的表面性能的一种工艺方法，其镀层厚度一般为 3～20μm，在整个电镀工艺过程中其温度一般在 100℃ 以下。电镀锌就是用电解方法沉积具有所需金属形态的镀层过程，也是一种氧化—还原过程，一般是改变表面的特性，以提供耐介质腐蚀、抗磨损以及其他性能，但是有时也是仅用来改善外观或改变零件尺寸。电镀的基本过程是将零件浸在电解液中作为阴极，一定纯度的活泼金属作为阳极。接通直流电源后，在零件上就会沉积出金属镀层。由于静电屏蔽效应的原因，待镀工件的深孔、狭缝以及管件的内壁等部位难以电镀上锌。并且电镀锌工艺中使用的氯化物和六价铬会对环境产生污染，对环境和作业人员造成污染和伤害，正逐步被限制使用。由于电镀金属的种类多达 30 多种，除了镀锌、铬、铜等十余种外，还能镀很多合金镀层，因此虽然此方法逐渐被淘汰，但是在风电机组的一些电气连接和金属结构小件中还应用到此种电镀技术。

6.1.2.3 达克罗技术（锌铬涂层技术）及交美特技术（无铬锌铝涂层技术）

对于风电机组的高强度连接螺栓（一般针对 8.8 级以上螺栓螺母垫片），如基础锚固螺栓、叶片与轮毂的连接螺栓、塔架每节的连接螺栓等通常采用达罗克技术来进行防腐处理。达克罗技术是目前应用比较普遍的一种金属表面防腐处理技术。与热浸镀锌、电镀锌等传统工艺相比，锌铬涂层具有防腐性能优良、不产生氢脆等特点。其镀层厚度一般为

$2\sim12\mu m$。采用达克罗技术使涂层的整体铬钝化，组成涂层的每一微粒级锌、铝的鳞片都被铬钝化，所以能起到防腐作用，但是达克罗技术在环保方面仍然存在铬（以三价铬和六价铬的形式）污染问题。一般说到达克罗技术是绿色环保的防腐处理技术，仅仅是相对于传统的电镀锌、热浸镀锌等而言。锌铬涂层在加工过程中残液必须经过特殊处理，才能保证不向环境中排放有害物质，为了减少锌铬涂层的有害物质危害，目前正在逐步研发和应用交美特技术（无铬锌铝涂层技术），并推出了 GB/T 26110—2010《锌铬涂层技术条件》。无铬锌铝涂层（锌铝涂层）是将无铬锌铝涂料浸涂、刷涂或喷涂于钢铁零件或构件表面，经过烘烤而形成的以鳞片状、以锌为主要成分的无机防腐涂层，其外观呈银灰色。无铬锌铝涂层完全保留了达克罗技术高抗蚀性、涂层薄、无氢脆的优点，有效地解决了铬存在的污染问题，从真正意义上实现了清洁生产。交美特技术由于不使用有毒的金属（如镍、铅、钡等）以及六价铬或三价铬，符合环保标准要求，因此其逐渐在风电机组螺栓、螺母垫片等一些紧固件防腐方面得到推广应用。

6.1.2.4　喷锌（铝）及渗锌技术

风电机组的轴承、塔架的连接法兰等采用热喷锌（铝）涂层，这是一种与热浸锌防腐蚀效果相当的长效防腐方法。其具体工艺是先对零部件（轴承、法兰）表面进行喷砂除锈，表面喷砂处理要求达到 Sa3 级，粗糙度一般为 $50\sim100\mu m$，使基材表面完全露出金属光泽。再在乙炔—氧焰加热或电加热情况下将不断送出的锌（铝）丝融化，并用压缩空气将融化的锌（铝）颗粒吹附到零部件表面，以形成一层蜂窝状的锌（铝）喷涂层（一次厚度可达 $50\sim100\mu m$），其喷锌（铝）层表面宜加涂小于 $30\mu m$ 的有机封闭漆，从而确保封闭漆渗入到喷涂层且封闭孔隙。这种工艺的优点是对零部件尺寸适应性强，零部件形状尺寸几乎不受限制，但是无法在小直径的风电机组管状构件的内壁进行施工。假如风电机组管状构件采用热喷锌进行处理，那么在管状构件的两端必须做气密性封闭，从而保证管状内壁不会发生腐蚀。另外这种工艺的热影响是局部的、受约束的，因而不会产生热变形。与热浸镀锌相比，这种方法的工业化、自动化程度较低，喷砂和喷锌（铝）的劳动强度大，喷涂质量也易受操作者水平的影响。

相比热喷锌来说，还有一种较先进的粉末渗锌技术，粉末渗锌将渗锌剂与钢铁制件共置于渗锌炉中，加热到 $400℃$ 左右，活性锌原子则由钢铁制件的表面向内部渗透，同时铁原子则由内向外扩散，在制件表层形成了一个均匀的锌—铁化合物即渗锌层。粉末渗锌的特点有：①耐蚀性特强；②渗锌层具有优异的耐磨性和耐擦性；③粉末渗锌基本上无污染；④它与热浸镀锌相比，具有消耗锌较低的特点；⑤渗锌产品还可以与涂料结合形成复合防护层；⑥经过渗锌的钢铁制件其机械性能不会有大的变化。然而这种方法受到加工设备、待处理的尺寸限制，其在风电机组的防腐处理上有待推广。

6.1.2.5　采用耐蚀性材料技术

采用耐蚀性材料，通常是在普通钢铁的冶炼中加入一定的铬、锰、矾等稀有金属元素，以提高其抗腐能力，当前应用最普遍的耐蚀性材料是不锈钢。不锈钢是一种在空气中或化学腐蚀介质中能够抵抗腐蚀的高合金钢，它具有外表美观，耐腐蚀性能好，不必经过镀色等表面处理即可发挥不锈钢所固有的表面性能。通常，人们把含铬量大于12%或含镍量大于8%的合金钢叫不锈钢。钢中含铬量达12%以上时，在与氧化性介质接触中，由于电化学作用，表面很快形成一层富铬的钝化膜，保护金属内部不受腐蚀。这种钢在大气中或在腐蚀性介质中具有一定的耐蚀能力，并在较高温度（＞450℃）下具有较高的强度，其低温冲击韧性也比一般的结构钢要好。不锈钢抗斑状腐蚀能力值（PRE）计算：PRE ＝Cr％＋3.3×Mo％，对于 PRE 值低于 20 的不锈钢零件，必须涂装防腐涂层进行防护，在海洋大气环境中对缝隙腐蚀和开裂腐蚀敏感的不锈钢应加涂防腐涂层；对于 PRE 值大于 20 的不锈钢零件，在大气环境中经验证确认不会腐蚀生锈的，可以不必涂装防腐涂层。在风电机组的防腐方面也采用不易发生腐蚀的金属材料，如使用不锈钢、铜或合金等。但是这种方法会导致材料成本大大增加，因此在满足技术和经济要求前提下才会选择。

6.1.2.6　涂抹防锈油脂

涂抹防锈油脂保护金属是一种短期防护方法，它是在金属表面涂抹耐蚀性油脂以及粘贴防锈薄膜或防锈纸进行临时保护。防锈油脂是在石油类基本组分中加入一种或多种防锈添加剂（又称油溶性缓蚀剂）及其辅助添加剂组成，它使用方便、成本低廉、操作简单、效果好，主要用于风电机组零部件在运输、加工及装配安装过程中的短期防锈处理措施，也在风电机组的装配精加工面的临时防腐得到了应用。

6.1.2.7　采用防腐蚀涂料技术

风力发电机组的研制、发展和大批风电场的开发、兴建，对风电机组承受各种各样的环境腐蚀的能力和使用寿命提出了更高的要求，因而迫切需要与之相配套的防腐涂料。常用的涂料已不能满足这些需要，因此人们提出了重防腐涂料（Heavy Coating）的概念，简单地说，重防腐涂料就是使用寿命更长，可适应更苛刻环境的涂料。重防腐复合涂层，一般为包括底漆、中间漆和面漆相互配套的多层复合防腐结构。这种复合防腐涂层结构目前在风电机组的防腐方面得到广泛应用，如风电塔架、风电叶片、轮毂、齿轮箱、发电机以及机架钢结构等一大批零部件表面都采用重防腐复合涂层进行防护。此种防腐涂料不仅性能好、易施工和修复，而且防护年限长，因此只要科学地设计重防腐复合涂层、工艺施工到位，基本上能够达到与风电机组相同的 20 年以上防护年限要求，在海上风电场甚至可以满足 25 年以上的防护年限要求。

6.1.3　机舱/轮毂防腐设计

机舱和轮毂内部包含了风机的关键部件，也是防腐的核心区域。因内部部件较多，且涉及结构件、机械部件、电气部件等，若每个部件都采取较强的防腐措施成本会增加很多，为控制成本，每个海上风机厂商均采取了总体防腐结合关键部件加强防腐的思路。

一般采用的总体防腐设计理念是与外界隔离。首先机舱和轮毂的外壳采用玻璃钢材料达到防腐目的，属于本质防腐，而且质量轻，成本低。将这个外壳设计成一个尽可能密闭的空间，再利用带除湿功能的鼓风机使内部对外界形成正压，进而阻止外界腐蚀性空气直接进入，很大程度上降低了机舱和轮毂内部安装的各类部件的腐蚀防护要求，从而改善了腐蚀环境。

针对海上风电场的地理环境及各构件具体的腐蚀环境分析，参照 ISO 12944—2007 第5 部分防护漆体系的规定，可选择如下防腐涂层系统来满足海上风电设备各构件高防腐年限（20 年）的要求：

（1）机壳外壳（C5－M苛刻腐蚀环境——非常高）。具体涂装方案见表 6－1，涂装前的表面处理工序为：喷砂处理至 Sa21/2（ISO 8501—1：2007）或 SSPC—SP6，表面粗糙度 40～75μm。

表 6－1　海上风机外壳防腐涂装方案

涂　层	产　品　名　称	干膜厚度/μm
底漆	环氧树脂底漆，如国际油漆公司 Interzinc 52	60
中间漆	环氧云铁中间漆，如国际油漆公司 Intergard 475HS	200
面漆	丙烯酸聚氨酯面漆，如国际油漆公司 Interhane 990	60
总干膜厚度		320

注　该防护系统采用环氧富锌底漆 60μm，系统总膜厚 320μm，符合 ISO 12944 第 5 部分关于 C5－M 环境，高防腐年限（≥15 年）的规定和要求，而要达到海上风电机组 25 年以上不对防腐涂层进行维修的要求，就需要采用更好的涂层体系以及更高的漆膜厚度。

对于处在海洋大气环境中的主机机舱和轮毂等钢构件，外表面的防腐涂层设计干膜厚度要达到 450μm 左右，采用金属热喷涂层加上有机复合涂层的方案，是最佳的防腐方案。底漆对基层材料的附着力和防腐能力要高；中间漆对底漆和面漆的层间附着力必须牢固，并有很好的屏蔽腐蚀介质作用，以便有效地阻止氧、水汽及各种腐蚀介质的渗入；面漆必须不易粉化，具有优异的耐候性、耐老化性和耐腐蚀性。此复合防腐涂层体系，底漆采用环氧富锌底漆（或喷锌），中间漆采用环氧云铁漆，面漆采用保色保光性优良的脂肪族聚氨酯面漆、氟碳面漆或聚硅氧烷面漆，即环氧富锌底漆（喷锌）＋环氧云铁中间漆＋脂肪族聚氨酯面漆的 3 层复合防腐涂层体系。暴露在海洋大气环境中的风电机组外表面的中间漆采用玻璃鳞片涂料时，要注意底漆不能太厚，面漆也可采用耐久性更好的氟碳涂料或聚硅氧烷涂料，外露的零部件表面防护涂层要求具有良好的防盐雾侵蚀及防护紫外线能力。若底漆采用金属热喷涂体系，可以得到更为长效的防腐效果，但是其喷涂施工工艺控制要求和涂装成本更高。

（2）风塔内表面、引擎仓、轮毂等（C4—高腐蚀环境）。涂装方案见表 6－2，涂装前的表面处理工序：喷砂处理至 Sa21/2（ISO 8501—1：1988）或 SSPC—SP6，表面粗糙度 40～75μm。

表 6－2　风塔内表面、引擎仓、轮毂等防腐涂装方案

涂　层	产　品　名　称	干膜厚度/μm
底漆	环氧树脂底漆，如国际油漆公司 Interzinc 52	60
中间漆	环氧云铁中间漆，如国际油漆公司 Intergard 475HS	120
面漆	丙烯酸聚氨酯面漆，如国际油漆公司 Interhane 990	60
总干膜厚度		240

注　该防护系统采用环氧富锌底漆 60μm，系统总膜厚 240μm，符合 ISO 12944 第 5 部分关于 C4 环境，高防腐年限（≥15 年）的规定和要求。

表 6－3 为 ISO 12944 第 5 部分关于 C5－5 环境、防腐涂料系统选择推荐原文。

表 6-3 关于 C5-5 环境中的防腐涂装方案（摘自 ISO 12944）

涂层体系编号	底涂层				后道涂层	涂层体系		预期耐久性		
	漆基类型	底漆类型	涂装道数	NDFT/μm	漆基类型	漆基类型	NDFT/μm	低	中	高
A5M.01	EP，PUR	Misc.	1	150	EP，PUR	2	300			
A5M.02	EP，PUR	Misc.	1	80	EP，PUR	3～4	320			
A5M.03	EP，PUR	Misc.	1	400	—	1	400			
A5M.04	EP，PUR	Misc.	1	250	EP，PUR	2	500			
A5M.05	EP，PUR，ESI	Zn（R）	1	60	EP，PUR	4	240			
A5M.06	EP，PUR，ESI	Zn（R）	1	60	EP，PUR	4～5	320			
A5M.07	EP，PUR，ESI	Zn（R）	1	60	EPC	3～4	400			
A5M.08	EPC	Misc.	1	100	EPC	3	300			

注：1. Zn(R) 为富锌底漆，Misc. 为采用其他类型防锈涂料的底漆。

2. NDFT 为额定干膜厚度。

3. 推荐在硅酸锌底漆（ESI）上覆涂一道后续涂层作为连接漆/过渡漆。

4. 选择富锌底漆时，NDFT 适宜选择范围为 40～80μm。

5. EP 为环氧；EPC 为环氧化合物；ESI 为硅酸乙酯；PUR 为聚氨酯，脂肪族或芳香族。

（3）机舱和轮毂内部钢构件及铸铁件防腐。机舱和轮毂里的结构部件都不大，有主支撑底座，也有设备支架等，因部分结构需要暴露在外面，而且都是日常维护过程中很难触及的位置，因此该类部件都设计为热镀锌或者涂层加强防腐，在部件预制阶段完成，在装配完成后需要修补。

机械部件主要包括主轴、联轴器、齿轮箱、变桨齿轮等。其中主轴连接面为机加工面，不做防腐，以保证平面度，暴露部位采用与结构部件相同的防腐蚀方法；联轴器为高弹性特殊材料，表面无法防腐，靠预留腐蚀余量法来解决；齿轮箱、偏航轴承以及变桨轴承的外部与结构部件相同，内部充填防腐润滑油实现防腐；偏航齿轮与变桨齿轮因表面要频繁经历齿轮拟合，磨损较大，且需要润滑，因此采用表面涂抹黄油实现隔离空气和润滑的双重作用。

对于机舱和轮毂内部的裸露金属零部件的防腐防护，除了注重在材质选择上的特殊要求外，还要根据钢铁及铸件零部件的材料性质、所处的部位和结构性能特点分别采用热浸锌、热喷锌、渗锌（铝）、达克罗等技术，以及涂装环氧富锌底漆、环氧云铁中间漆和丙烯酸聚氨酯面漆的复合涂层结构，能够很好地保护零部件免受腐蚀介质的侵蚀。机舱弯头铸铁件相对于钢构件来说，其遭受腐蚀程度较轻，外露铸件的外表面涂层结构可设计为：环氧富锌底漆 70μm＋环氧云铁中间漆 230μm＋聚氨酯面漆 60μm（总厚度 360μm）；外露铸件的内表面及机舱和轮毂内部结构的钢构件采用环氧富锌底漆 60μm＋环氧云铁中间漆 160μm＋聚氨酯面漆 60μm（总厚度 280μm）的涂层结构进行防腐。

6.2　电气部分的腐蚀与防护

海上风电机组防腐设计主要考虑防盐雾、防潮湿。采用结构防腐设计、涂层防腐设计，使盐雾与机组内设备有效隔离；选用耐腐蚀材料，提高机组耐腐蚀能力。海上风机的电气部件主要包括发电机、变压器、控制柜/开关柜、各类驱动电机等。提高设备外壳防护等级、实现与空气的隔离是电气设备的重要防腐手段，但是因为多数电气设备在运行中需要散热，这是一对矛盾。发电机是持续旋转设备，必须持续高效散热才能正常运行，对于双馈型风机，因其转速较高，发电机采用常规的密闭冷却散热系统，内部构造无需考虑防腐，只需要解决外部防腐问题即可。而对于永磁直驱型风机，因无法从结构上实现密闭冷却散热，考虑该类型发电机转速低，一般靠空气自然冷却以达到散热要求，但是这就给定子铁芯以及转子线圈带来了强腐蚀，处理起来难度很大，一般将铁芯设计为耐腐蚀材料，而转子线包则采用真空浸漆工艺配合氟硅橡胶材料加强防腐，工艺设计要求较高。为确保散热和防腐达到一种平衡，海上风机的箱式变压器一般采用干变，散热方式也是直接空气冷却，采用绝缘树脂浇注实现变压器铁芯防腐；控制柜/开关柜散热量较小，因此采用提高防护等级隔绝空气来实现整体防腐，也有部分控制柜散热量较大，通常采用柜体安装小型空调控制柜内温度的方法。各类驱动电机的运转频率较低，且功率较小，采用密闭隔绝空气的方法防止腐蚀，在外壳上增加散热面积达到散热要求。

6.2.1　发电机定子的防腐

发电机是风力发电机组的重要组成部分，发电机在海边、海上运行时会受到雨水、盐雾、霉菌等的侵蚀和破坏，由于海上盐分比较高，设备腐蚀比较严重，容易使发电机定子铁芯生锈。同时，发电机应用在海上风电时，不同于海上钻井平台，受到腐蚀时可以随时修补，因其特殊的地理环境和技术要求，维修费用极高。这些情况都会影响发电机的正常运行，因此必须对发电机进行防腐处理。

通常采用的发电机防腐处理是在发电机定子表面涂抹醇酸树脂，但醇酸树脂耐水性、耐盐雾都较差，其防腐效果并不好。为提高发电机海上应用防腐性能，需要对醇酸树脂进行改性研究，为发电机定子提供一种较好的绝缘防腐性能。

涂装工艺是在发电机定子表面浸渍不饱和聚酰亚胺无溶剂浸渍树脂，然后再喷涂 2 层氟硅橡胶。

1. 定子本体包覆不饱和聚酰亚胺无溶剂浸渍树脂层

（1）在室温不低于 20℃，环境湿度不高于 40% 条件下，用不饱和聚酰亚胺无溶剂浸渍树脂浸渍发电机定子本体。将发电机定子使用特殊工装固定，使其竖向直立，使用吊车将定子及工装就位于滚浸槽上，滚浸槽中注入不饱和聚酰亚胺无溶剂浸渍树脂，直至没过定子表面。使用电机匀速带动工装转动，使不饱和聚酰亚胺无溶剂浸渍树脂均匀浸满定子表面。在滚浸过程中，注意不饱和聚酰亚胺无溶剂浸渍树脂及时添加。在全部滚浸完成后（一般为 3～4 圈），使用细锉刀去除表面滴流。

（2）发电机定子吹净后放进烘房，去除绕组内的潮气及低分子挥发成分，烘干条件为

120℃、2h。发电机定子本体表面包覆的不饱和聚酰亚胺无溶剂浸渍树脂层的厚度为 0.06mm。

2. 树脂层外包覆氟硅橡胶层

氟硅聚合物及氟硅橡胶是以 $-Si-O-$ 为主链，$-CH_2-CH_2-CF_3$ 为侧链的含氟聚硅氧烷，由于主链为半无机的有机硅结构，再者由于含氟基团的引入，它在保持有机硅材料的耐热性、耐寒性、耐高电压性、耐气候老化等优异性能的基础上，又具有有机氟材料优异的耐烃类溶剂、耐油、耐酸碱性和更低的表面能性能，具有生理惰性、良好的防霉性。

（1）将包覆后的发电机定子置于支撑支架上，引出线端部朝上。用氟硅橡胶对定子端部进行灌封，使氟硅橡胶填满绝缘纸与线圈之间的孔隙和绝缘纸与铁芯槽之间的空隙。用氟硅橡胶对定子端部进行涂封，使氟硅橡胶完全包覆齿压板和端部裸露的绝缘纸。

（2）用压缩空气喷枪对定子线圈端部喷涂氟硅橡胶，确保定子线圈端部所有的部位都要喷涂完整，喷涂厚度为 0.60mm。沿着定子铁芯圆周方向，对定子铁芯表面和散热齿喷涂氟硅橡胶，确保铁芯表面和散热齿均匀喷涂完整。喷涂厚度为 0.50mm。

（3）定子铁芯表面喷涂完成 6h 后，将定子翻转 180°，按照上述步骤喷涂定子暴露在外的其余部分。干燥后定子线圈端部包覆的氟硅橡胶层的厚度为 0.60mm，定子铁芯表面和散热齿包覆的氟硅橡胶层的厚度为 0.50mm，得到了绝缘防腐发电机定子。

3. 性能检测

为使该工艺制作的发电机定子绝缘电阻、吸水率、附着力、耐盐雾等性能达到海上风电机组的相关要求，以上述方法得到的绝缘防腐发电机定子为样品，对相关性能进行测定，测定结果见表 6-4 和表 6-5。

经过以上性能测定表明：采用该工艺制作的发电机定子电力设备可以达到海上风电机组的相关绝缘防腐性能要求。采用该涂装工艺制作的发电机，在渤海海上风电示范站中的海上风力发电机组得到应用，截至目前该发电机已平稳运行 3 年时间。针对海上风电其他的绝缘防腐电力设备也可参照该工艺进行制作，其绝缘防腐性能与绝缘防腐发电机定子基本相同。

表 6-4 绝缘发电机定子的防腐性能

序号	检测项目	标准文件	技术要求	检测结果
1	外观	涂层平整	平整、光滑且没有气泡	—
2	附着力	GB 1720—1989	≤1 级	1 级
3	耐化学试剂（酸、碱、盐）	GB 1763—1989	室温下 3% 试剂作用 24h	24h
4	耐温变性（-50～100℃）	5 次 2.5h 温度循环无损伤，附着力≤2 级	5 次循环，附着力 1 级	—
5	吸水率	GB/T 1733—1993	≤0.3%	0.16%
6	耐霉菌	IEC 68-2—10	—	长霉级别：3 级
7	耐盐雾	GB/T 10125—1997	pH=6.8 的 5% 氯化钠盐溶液，35℃持续 240h，无起泡、脱落现象	样品表面无明显变化，未出现开裂、粉化和变色现象

表 6-5　绝缘发电机定子的电学性能

序号	检验内容	技术要求		实　测　值					
			1	2	3	4	5	6
1	每相电阻值与典型值之差与典型值之比≤±4% 三相不平衡量≤2% 环境温度：25℃	电阻值	IU1	IV1	IW1	2U1	2V1	2W1
		0.018Ω（20℃）	0.0175Ω	0.0175Ω	0.0175Ω	0.0175Ω	0.0175Ω	0.0175Ω
		与典型值之比	−3%	−3%	−3%	−3%	−3%	−3%
		三相不平衡量	0			0		
2	每相对地电容值（未接中性点时）/μF	环境温度	IU1	IV1	IW1	2U1	2V1	2W1
		29℃	0.0186	0.0186	0.0186	0.0186	0.0186	0.0186
	每组电容值（中性点对地）/μF	≥0.56	N1：0.62			N2：0.62		
3	每组对地冷态绝缘电阻/MΩ	≥250	1500	1500	1500	1500	1500	1500
4	绕组间绝缘电阻值不小于/MΩ	≥250	600	500	500	500	500	600
5	每相对地热态绝缘电阻/MΩ（60℃）	≥50	60	60	60	60	60	60
6	PT100 对地绝缘电阻/MΩ	≥260	2000	2000	2000	2000	2000	2000
7	对地耐压 3000V，1min	不击穿	未击穿					
8	匝间高频脉冲耐压试验波形一致	4.2kV 5 个脉冲	波形一致					

6.2.2　变压器的防腐

海上风电机组变压器的外壳，长期承受高温高湿的海洋环境影响，以及海水飞溅影响会发生不同程度的腐蚀现象，从而引发风电场的故障。世界首个大型海上风电场荷斯韦夫（Horns Rev）在投入运行后不久，部分风机机组的变压器、发电机开始出现技术故障。故障原因较为综合，除了制造问题、安装问题外，离岸的气候条件、空气中盐分侵蚀被认为是重要因素。

海洋环境的盐雾给变压器带来的危害主要如下：

（1）盐雾与空气中的其他颗粒物在变压器金属外壳静电的作用下，在变压器表面形成覆盖层，经过一系列的化学反应后使设备原有的强度遭到破坏，使设备不能达到设计运行要求，给设备安全运行带来严重后果。

（2）盐雾与设备电气元件的金属物发生化学反应后使原有的电气性能下降，生成氧化物使电气触点接触不良，导致电气设备故障或损坏，给风电场的安全、经济运行造成很大的影响。

目前发展海上风力发电急需解决的问题之一就是海洋大气对于长期运行的海上风电设备的腐蚀。离岸风机、变压器等通常是在岸上电气设备的基础上略作修改制造完成，由于长期处于海洋环境中，相对而言，离岸电气设备更容易受到各类腐蚀等不良影响。因此风力发电机组、变压器在设计开发之时，必须提高防腐保护，降低维护和服务的需求。

海上风电机组变电站变压器金属构件普遍采用碳钢及各种防腐涂层，它们在陆上电气设备中普遍采用，其耐湿性可满足陆上输变电设备的要求，这些材料及涂层是否满足工作在海洋大气环境的电气设备的耐腐蚀要求，需要进行研究。

目前，国内海上风机箱式变压器仍沿用陆上的干式变压器，部分制造厂商优化后采用液冷取代空冷；发电机、齿轮箱采用外循环空冷系统；采用液冷式变频器，或进气口采用呼吸器对空气净化，或使用加热器、吸湿剂，减少盐雾、潮气对机舱内部件的腐蚀。机舱内、外部件分别按 C4、C5－M 腐蚀等级配置防腐涂层系统，重要接头、部件采用不锈钢、白铜、铜镀银等防腐性强的材质。

西门子海上型机组在各个设计环节、细节方面均具有领先优势。尤其是在机组内发热部件换热系统的防腐设计上。西门子海上风机采用油浸式箱变，冷却箱变的空气系统有专门的进、出密封风道，海洋大气不进入塔筒内部空气系统，机舱内发电机的散热系统也是如此，有效隔离海风盐雾、潮气，以达到从根本上控制腐蚀源的目的，防腐效果较好。机舱内按 C3、C4 腐蚀等级设计防腐涂层。

6.3 叶 片 的 防 腐

叶片是风电设备中风力发电机吸收风能的核心部件，其设计和制造是一个多学科的问题，涉及空气动力学、机械学、气象学、结构动力学等多学科，以及控制技术、风荷载特性、材料疲劳特性、试验测试技术及防雷技术等多方面知识。叶片作为风电设备中极为重要的关键部件，它的制造费用约占到风电场总成本的 15%～20%，甚至更高。叶片的材料越轻、强度和刚度越高，叶片就可以做得越大，捕风能力也就越强。目前大型风机叶片大都选用轻质高强、耐蚀性好、具有可设计性的复合材料。目前应用于风机叶片的复合材料主要包括：玻璃纤维复合材料、碳纤维复合材料、碳纤维/轻木/玻璃纤维混杂复合材料以及热塑性复合材料等。风机叶片的工作环境一般是海边或风沙大的沙漠、高原山区地带，平均每年要运行约 7000h，叶片边缘的运转速度大概为 70～80km/h，其接受空气摩擦的量可达一般汽车的 5～10 倍。而且叶片工作在高空、全天候条件下，经常受到空气介质、大气射线、沙尘、雷电、暴雨、冰雪的侵袭，因此叶片的运行条件和运行环境极其严酷。同时空气动力学对叶片转化风能的性能提出了苛刻的要求，其表面光洁度以及流挂物会极大地影响转化效率，海上应用过程中潮湿空气中的盐分容易在叶片表面积聚，影响其转化效率，而且造成腐蚀。同时，大型叶片的吊装费用极其昂贵且费时，一般运转 10 年以上才进行一次修缮维护。然而作为制造叶片的材料（如不饱和聚酯树脂、环氧树脂玻璃钢等）本身很难在这样恶劣的环境中长时间保持完好。因此，往往需要涂装叶片保护涂料，使其具有较好的耐酸、耐碱、耐海水、耐盐雾、防紫外线老化等性能。

6.3.1 叶片保护涂层要求

风机叶片涂层防护技术不仅需要满足叶片防腐蚀、提高使用寿命的要求，还需要重点考虑抗石击性能，以及防霜、防冰等功能，此外表面涂层还在很大程度上为风机叶片提供了光滑的空气动力学表面，有效提高风能的转化率。其具体要求如下：

（1）优异的附着力。风机叶片涂料需与底材有良好的附着力，平均附着力需超过 8MPa。

（2）良好的柔韧性。风机叶片在运行过程中，叶片本身将发生一定的形变，因此要求叶片涂料本身具备一定的伸长模量，防止漆膜开裂、脱落。

（3）良好的耐磨性和抗石击性。在高速工作环境下，风机叶片时刻都有受到各类风沙袭击和雨雪冲刷的可能性，尤其是叶片边缘，因此对其耐磨性和抗石击性提出了较高要求，要求直升机雨滴测试通过，高速旋转的螺旋桨下雨滴冲击测试要求 2h 漆膜不滴穿。

（4）良好的耐候性。叶片涂料需经受阳光曝晒、昼夜冷热交替，因此要求涂料具备优异的耐候性，10 年以上无明显光泽变化，无粉化、剥落、霉变等，海上风机叶片还要考察耐盐雾性能。

（5）为防止闪电击中的发生，涂料中禁用导电颗粒和铁磁性材料。

（6）涂膜平滑。叶片涂料的漆膜必须平整光滑，以减少能量损耗，获得良好的能量转化效率。

（7）耐化学品性。风机叶片在运输安装过程中可能被液压油、润滑油等物质沾污，需用有机溶剂或高压清洗机清洗，因此叶片涂料的涂膜需耐有机溶剂、液压油、润滑油和耐高压清洗。

（8）耐高、低温性。风机运行环境条件苛刻，温差范围在 −20～50℃，因此风机叶片涂料需经受高、低温的变化及运行时的摩擦升温。

（9）耐冷冻性。风机叶片表面可能被超过 25mm 冰层覆盖，要求涂膜有极好的耐冷冻性。

（10）低吸水率。海上风机叶片的表面会覆盖海水，因此要求叶片涂料有很低的吸水率和耐海水性。

（11）良好的施工性。涂膜要常温干燥、表干快、不沾尘，一次成膜厚度可达到120～150μm，此外还要考虑打磨性和环保性能。

6.3.2　叶片保护涂层体系

国内风机叶片生产厂家原来普遍采用胶衣来保护玻璃钢叶片，但是胶衣的抗风沙性能很差，且运输过程中抗刮擦能力很差。因此近年来叶片生产商已广泛应用涂层体系保护叶片。目前常见的风机叶片涂层体系包括：溶剂型环氧厚浆底漆＋聚氨酯面漆；溶剂型聚氨酯底漆＋溶剂型弹性聚氨酯面漆；溶剂型环氧丙烯酸聚氨酯漆；无溶剂聚氨酯底漆＋水性聚氨酯面漆等。各种涂层体系的性能对比见表 6-6。

表 6-6　风机叶片涂层配套体系对比

涂层体系	施工	价格	产品优势	目前存在问题
溶剂型环氧厚浆底漆＋聚氨酯面漆	无气喷涂/滚涂	低	成本低，涂抹附着力高	溶剂型，气味大
溶剂型聚氨酯底漆＋溶剂型弹性聚氨酯面漆	无气喷涂/滚涂	较低	弹性体系，涂膜性能优异，施工性好，成本较低，面漆在搬运过程中不易刮擦	溶剂型，气味大

续表

涂层体系	施工	价格	产品优势	目前存在问题
溶剂型环氧丙烯酸聚氨酯漆	无气喷涂/滚涂	高	施工工艺简单，施工性好，也可以配以一道胶衣	溶剂型，气味大，喷涂时膜厚的均匀性不易控制
无溶剂聚氨酯底漆＋水性聚氨酯面漆	无气喷涂/滚涂	高	环境友好型水性涂料，低气味，弹性体系	底漆活化期短，施工储运对环境要求较高，干燥时间长，影响施工效率
聚天门冬氨酸酯涂料	无气喷涂/滚涂	很高	环境友好型高固体分涂料，可以厚涂、快干、耐候性优异	成本高，需控制膜厚均一性
胶衣＋无溶剂聚脲底漆＋水性聚氨酯面漆	无气喷涂/滚涂	最高	低气味，环保，胶衣和底漆干燥快，易打磨	成本高，多一道施工，胶衣和底漆较脆，面漆在运输过程中易出现刮擦问题

聚氨酯树脂具备优良的耐油耐磨性、耐化学药品性、较强的附着能力，由其所制备的涂料广泛地应用在风电叶片上。风机叶片涂料耐候性要求极高，在利用聚氨酯配制该涂料时，以脂肪族或脂环族的多异氰酸酯为宜，避免选用易泛黄的芳香族类。

溶剂型聚氨酯底漆＋面漆是目前应用最普遍、技术最成熟的风机叶片涂层体系，其性能优异，同时价格适中。脂肪族丙烯酸聚氨酯涂料体系的涂膜具有较好的耐老化性能，但涂膜硬度高、刚性强，经风沙撞击后容易损伤脱落，对底材失去保护作用，所以应选择具有一定弹性的聚酯改性丙烯酸树脂，弹性涂膜受到沙粒的冲击后，漆膜受力形变，冲击力消失后，漆膜又回复，兼有耐老化和优异的抗风沙侵蚀。此外，改性溶剂型和水性丙烯酸树脂面漆、氟碳树脂面漆等产品近年来在风机叶片涂料领域也有应用。

西北永新化工股份有限公司研制出一种以有机氟硅改性弹性聚氨酯脲树脂为基料的高性能风电涂料，主要包含作为多醇的聚酯、聚四氢呋喃二醇，二异氰酸酯以异辅尔酮二异氰酸酯（IPDI）为佳，再用含羟基的硅氧烷、含氟硅氧烷进行改性。将该组分与助剂组分配匀后进行涂装，涂料性能良好。

中海油常州涂料化工研究院的狄志刚等制备了一种高耐候耐磨弹性聚氨酯固化剂，该固化剂使以耐候性脂肪族的共聚酯和含有羟基的氟树脂为主要原料，与IPDI反应，合成得到EPU固化剂，然后与高耐候性羟基组分配漆，可作为风机叶片涂料。该固化剂与传统的HDI三聚体和市售的聚氨酯固化剂相比，在耐候性、耐磨性、对底材的附着力上都有优势。

李华明等用硅醇改性的耐候性良好且具有一定弹性的聚酯树脂为基料，以拜耳聚氨酯N-75为固化剂，配以其他助剂，制备出具有优异耐候性和抗风沙侵蚀性能的保护涂料。

中远关西涂料化工有限公司研制出了一种用于风机叶片面漆的水性聚氨酯涂料，与聚天门冬氨酸酯底漆配套使用。涂料选用纯丙类的羟基丙烯酸分散体，固化剂以聚醚改性的HDI三聚体为主，加入一部分聚酯改性HDI三聚体。

国外Kallesoee等对生成聚氨酯的多元多异氰酸酯的选择进行了分析。多元醇至少含有70%的羟基官能团数量在2～8个之间的羟基组分，推荐使用脂肪族的聚酯，以直链型为宜，不推荐使用过多含有支链或环状结构的聚酯；固化剂以含有聚酯结构、尿丁二酮基团或者脲基甲酸酯结构的多异氰酸酯为主，使用含上述三种结构的多异氰酸酯 90％以上，有助于涂料获得较好的弹性和寿命。

德国 Evonik Degussa 公司混合高、低分子量的多醇，结合多异氰酸酯和光稳定的芳香族胺制备聚酯涂衣，添加经过六甲基而硅氮烷疏水处理和球磨机修饰的热解硅石作为填料，所获得的涂料在环氧树脂上表现出良好的黏附性。

在当前风电市场上，溶剂型涂料占据了主导地位，但低挥发性有机化合物（VOC）、环保的高性能水性聚氨酯涂料显然更加符合风力发电"绿色能源"的概念。

氟原子半径小、电负性大，有机氟聚合物中含有 F—C 键，键能高达 515kJ/mol，两个氟原子的范德华力半径之和为 0.27nm，基本上可将 C—C 键完全包围而不露出一点空隙，从而使得任何基团或原子都无法进入破坏 C—C 键，这种屏障效果使得有机氟涂料具有良好的化学稳定性、耐候性、耐热耐寒性、耐辐射性，此外含氟聚合物表面能低，具有疏水疏油性、优异的自润滑性能以及低摩擦性能，这些特性与风电叶片涂料的性能要求比较契合。

但有机氟改性过的树脂与底材附着能力欠佳，因此含氟聚合物通常用作风电叶片涂料的面漆。传统的氟树脂以聚偏氟乙烯（PVDF）为代表，PVDF 涂料户外使用寿命达 20 年以上，具有优良的耐候性、耐粉化性，韧性好。但 PVDF 涂料的涂装需经过高温烘烤，施工过程复杂。日本旭硝子公司 1982 年推出的三氟乙烯与烷基乙烯基醚交替共聚物是世界首创的可溶常温固化型涂料，可以常温固化，简化施工，可在大型器件上直接喷涂。日本电工株式会社和美国 PPG 公司将三氟乙烯—烷基乙烯基醚交替的含氟聚合物用于风电叶片涂料。

丙烯酸树脂涂料耐候、耐光、耐腐蚀性能优异，黏接性好，对底材附着力强，但耐水、耐溶剂性较差，且不耐磨，因此一般用作风电叶片涂料的底漆。

日本电工株式会社制备了三层叶片涂料，最外层为含氟涂层，中间层为聚丙烯酸类和氨酯类聚合物组成复合膜，底层是丙烯酸类的压敏黏层。圣戈班公司制备的三层结构涂料中，底层也为丙烯酸类压敏黏层，中间层和最外层为氟化聚合物和丙烯酸类聚合物的混合体系。美国 PPG 公司在风电叶片涂料中掺入适量丙烯酸类聚合物，如丙烯酸烷基酯及不饱和烯类聚合物。

利用有机氟改性丙烯酸酯，改性后涂料不仅可以保持原有的丙烯酸特性，还提高了涂层的耐候性、抗污性等。

聚天门冬氨酸涂料是近几年新型的高性能双组分涂料，耐黄变，性能稳定。拜耳公司用聚天门冬氨酯作为聚脲的面漆或直接作为单一防腐涂层用于风电叶片，涂膜表干 3h，具有极佳的防腐耐磨性能。Dow corning 将有机硅树脂用于叶片表面涂层，保护性能卓越。

添加纳米二氧化硅颗粒的环氧超疏水涂料，涂层表面接触角可达到 152°，具有优良的耐磨、防腐及紫外线耐受力。

溶剂型聚氨酯涂料体系涂膜具有良好的耐老化性能，但涂膜硬度高、刚性强，经风沙撞击后容易损伤脱落，对底材失去保护作用。聚天门冬氨酯涂料成本高，涂料均匀性不易控制。水性涂料环保性好，但成本高、涂膜脆，用作面漆时在搬运过程中易出现刮擦问题。

6.3.3　叶片防腐措施

海上风机叶片直接关系到风力发电机组的发电效率及使用寿命，海上风机叶片需要承受海洋气候环境下的高盐雾、高湿热、风雨的侵蚀。朱平等对我国典型风电场叶片服役后的表面状态进行调查后发现：东南沿海风电场使用的 25m 长环氧基材叶片（表面为聚氨酯涂层），没有叶片保护膜的区域胶衣损伤严重，露出底材，叶片表面布满深度直径 1～3mm 的点蚀；海南沿海风电场 37.3m 长的聚酯基材叶片，表面涂层为聚酯胶衣，叶片前缘磨损严重，叶片表面其他区域没有点蚀；苏北沿海风电场也普遍存在不同程度的前缘磨蚀问题，某兆瓦级叶片服役 2 年之后叶片前缘磨蚀极其严重，局部达到本体损伤，并且露出玻璃纤维。这些沿着我国东部海岸线的风电场叶片在服役 2 年之后，叶片前缘普遍出现不同程度的破损，前缘破损之后导致风机叶片气动效率大幅下降。

海上风机叶片防护涂层技术不仅要满足其防腐、提高使用寿命的要求，更要实现少维护、延长维护周期、提高风机叶片的可靠性。同时，海上风机叶片防护涂层的设计必须适用于辊涂、空气喷涂及高压无气喷涂设备的施工，固化成膜快，实现底面一体化，减少作业时间，提高喷涂施工效率。

表 6-7 为当前风机叶片常用的防护涂层体系。目前叶片防腐涂料主要以进口为主，成本比较高。为推动我国兆瓦级风机叶片关键结构材料的国产化，科技部"863"计划新材料领域办公室于 2009 年 9 月发布了《国家高技术研究发展计划（"863"计划）新材料技术领域"兆瓦级风力发电机组风轮叶片原材料国产化"重点项目申请指南》，要求叶片表面保护涂料能提高叶片耐紫外老化、耐风沙侵蚀以及耐湿热、盐雾腐蚀能力，适应我国南北方不同极端气候条件下风电场使用需求，保证风轮叶片 20 年的设计使用寿命。

表 6-7　风机叶片防护涂层体系

涂 层 体 系	涂装区域	干膜厚度/μm
高性能聚氨酯腻子（大腻子）	叶片前后缘、根部及大缺陷	根据叶片的实际情况
高性能聚氨酯针孔腻子（小腻子）	叶片整体	根据叶片实际情况
高性能聚氨酯底面合一涂料	整体无气喷涂	60～70
抗侵蚀高性能聚氨酯涂料	整体无气喷涂	70～80
总干膜厚度		200～230

表 6-8～表 6-10 分别是海上风机叶片所处环境的特点、相应的涂层性能指标以及当前全球应用最多的叶片涂层配套体系。

表 6-8　海上风机叶片所处环境特点以及相应的叶片涂层要求

海上风机叶片所处环境特点	叶片涂层要求
日照时间长	优异的耐候性
盐雾环境	优异的耐盐雾性
湿度大	优异的耐湿热性
降雨量大	优异的耐水性
昼夜温差大	优异的耐冷热循环

表 6-9　海上风机叶片底漆和面漆配套体系性能要求

序号	项　目	性　能　指　标			
		北方地区	南方地区	沿海	海上
1	附着力/MPa，≥	5			
2	落砂耐磨/(L·μm^{-1})，≥	5			—
3	耐盐雾性	—		2000h 漆膜不起泡、不剥落，附着力保持率不小于 80%	3000h 漆膜不起泡、不剥落，附着力保持率不小于 80%
4	耐水性	240h 漆膜无变化			
5	耐湿热性	—		1000h 漆膜不起泡、不剥落，附着力保持率不小于 80%	
6	耐人工加速老化性	1500h 漆膜不起泡、不剥落、不粉化、允许轻微变色			3000h 漆膜不起泡、不剥落、不粉化、允许轻微变色
7	耐酸性，5% H_2SO_4	240h 漆膜不起泡、不剥落，允许轻微变色			
8	耐碱性，5% NaOH	—		240h 漆膜不起泡、不剥落，允许轻微变色	
9	耐液压油	4h 漆膜可恢复			
10	冷热+高温高湿循环	循环 5 次漆膜不起泡、不剥落，附着力保持率不小于 80%			

注　标注"—"者为不做要求的检测项目。

表 6-10　海上风机叶片涂层配套体系及特点

涂层体系	溶剂型聚氨酯底漆+溶剂型弹性聚氨酯面漆	水性聚氨酯底漆+水性聚氨酯面漆
施工方法	高压无气喷涂、辊涂	高压无气喷涂、辊涂
产品特点	涂膜性能优异、成本低、施工性好，弹性体系	环保，弹性体系
成本	低	高
存在问题	VOC 排放量大，气味大	干燥时间长，气温低时需要烘烤，成本较高

为适应我国南北方不同极端气候条件下风电场的使用需求，保证风机叶片 20 年的设计使用寿命，国内研究者开发了高性能多用途聚氨酯叶片表面涂层保护材料体系，提高叶片耐紫外老化、耐风沙侵蚀以及耐湿热、盐雾腐蚀能力。其技术要求见表 6-11。

表 6-11　"863"计划风机叶片涂料国产化项目技术要求

项　目		指　标
附着力/MPa，≥		5
干燥时间	自然表干/h，≤	8
	40℃烘干/h，≤	3
耐磨性（500g/500 转）/mg，≤		20
耐盐雾		≥2000h，无脱落，附着力保持 80%
耐沙尘试验		满足 GB 2423.37—89

国内多家大型涂料生产和研制单位共同进行了风机叶片表面保护涂料规模化制备技术的研究及产业化开发，同时探索与之配套的高性能封底腻子、底漆及产品标准、施工工艺

等。目前取得了明显成效：①新型氟碳树脂开发工作已经完成，性能测试、制漆、应用工作正在进行之中，技术指标进展情况见表6-12；②水性聚氨酯面漆已完成制漆、试涂工作，进入综合性能考核阶段；③风机叶片涂料技术规范及标准草稿已经完成，正在修改、送审过程中；④与面漆配套的封底腻子、底漆的筛选工作已经完成，底、面配套的应用考核正在进行中；⑤施工工艺正在探索整理中。

表6-12 叶片表面保护涂料规模化制备技术进展情况

产品名称	测试项目	技术指标	实际值	备 注
氟碳树脂 （FEVE） 性能指标	外观	透明、无机械杂质	达到	符合中昊晨光化工研究院QFFH 103—2000企业标准
	黏度（涂氏杯）	135～150s	140s	
	固含量（质量分数）	48%～50%	50%	
	酸含量	5～8mgNaOH/g	6.5mgNaOH/g	
	氟含量（质量分数）	28%～35%	34%	
叶片表面保护 涂料性能指标	附着力	≥5h	5h	应用叶片涂料配方，对涂层样品性能测试，指标按新标准方法测试均已满足技术条件要求
	自然表干	8h	30min	
	40℃烘干	3h	15min	
	耐磨性 500g/500r	≤20mg	—	
	耐盐雾≥2000h	无脱落，附着力保持80%	通过	
	耐砂尘试验	满足GB 2423.37—89	通过	

总之，风机叶片直接关系到风力发电机组的发电效率及使用寿命，海上风机叶片需要承受海洋气候环境下的高盐雾、高湿热、风雨的侵蚀，采用叶片防护涂层技术不仅能满足海上风机叶片腐蚀防护、提高使用寿命的要求，更能实现少维护、延长维护周期、提高风机叶片的可靠性，当前亟须开发方便施工的重防腐涂料及涂装技术。

参 考 文 献

［1］ 朱永强，张旭．风力发电系统［M］．北京：机械工业出版社，2010.
［2］ 刘新．海上风电场的防腐涂装［J］．中国涂料，2009，24（11）：17-17.
［3］ 徐克文，李君，赵昌华．海上风电防腐系统的选择与运用［C］．2009全国电力系统腐蚀控制及检测技术交流会论文集，长沙，2009.
［4］ 唐耀，风力发电机组的防腐技术和应用研讨［C］．2011防腐蚀涂料年会暨第28次全国涂料工业信息年会论文集，武汉，2011.
［5］ 尚景宏，罗锐．海上风力发电领域——防腐蚀专业的新战场［J］．涂料技术与文摘，2009，30（10）：16-21.
［6］ 冯宝平，刘碧燕，陈昌坤．浅谈国内外海上，陆上风电场防腐设计现状［J］．腐蚀科学与防护技术，2013，25（4）：343-346.
［7］ 贺晓泉，安磊，尚景宏，等．一种用于海上风电发电机定子绝缘防腐蚀的涂装工艺［J］．腐蚀与防护，2012，33（7）：640-642.
［8］ 陈绍杰．复合材料与风机叶片［J］．高科技纤维与应用，2007，32（3）：8-12.
［9］ 李成良，王继辉，薛忠民，等．大型风机叶片材料的应用和发展［J］．玻璃钢/复合材料，2008，

4：49 - 52.

[10]　杨惠凡，刘丛庆，张鹏，等.海上风电机组叶片表面涂层材料的研制 [J].风能，2012 (3)：76 -79.

[11]　戴春晖，刘钧，曾竟成，等.复合材料风电叶片的发展现状及若干问题的对策 [J].玻璃钢/复合材料，2008 (01)：53 - 56.

[12]　赵庆军，李莉，姚海龙，等.风力发电机组风机叶片涂料的研究 [J].现代涂料与涂装，2011，14 (4)：38 - 40.

[13]　刘丛庆，赵庆军，姚海龙.海上风电机组叶片表面涂层材料的研制 [J].风能，2012 (3)：76 -79.

[14]　郭小军，王春耀.冷喷锌防腐工艺在螺栓防腐中的应用 [J].新疆农机化，2012 (3)：63 - 64.

[15]　田兆会，李华明.风电装备腐蚀分析与涂料防护综述 [J].装备材料，2011 (2)：60 - 65.

[16]　田兆会，李华明.风电装备腐蚀环境分析与涂料防护 [J].中国涂料，2009，24 (11)：6 - 12.

[17]　朱平.对服役中风电叶片表面状态的调查以及对原厂涂装的反思 [J].风能，2012 (10)：42 - 50.

[18]　中国化工学会涂料涂装专业委员会海洋石油工业防腐分会.风电保护涂料市场发展现状 [J].涂料技术与文摘，2010 (3)：3 - 9.

[19]　张静，崔利娟.聚酯聚氨酯风机叶片涂料的研究 [J].中国涂料，2013，28 (2)：53 - 56.

[20]　郑进，张庆华，罗振寰，等.风电叶片防护涂层材料的研究进展 [J].高分子材料科学与工程，2012，28 (11)：182 - 186.

[21]　高耀岜，吴瑞鹏，李定强，等.风机叶片涂料的类型、评价标准及评价方法 [J].中国新通信，2013 (19)：105.

[22]　商汉章，李运德.高性能风电叶片用防护涂料的研制 [J].中国涂料，2011，26 (08)：18 - 22.

[23]　郭鸿霖.我国风电叶片涂料现状与未来发展展望 [J].新材料产业，2011 (11)：23 - 27.

[24]　詹耀，刘瑶，于国利.我国不同区域风电场的腐蚀环境及防腐技术分析 [J].上海涂料，2013，51 (10)：43 - 48.

[25]　詹耀.海上风电设施的防腐技术及应用 [J].上海涂料，2012，50 (8)：22 - 27.

[26]　詹耀.大型风力发电设备防腐技术及质量控制 [J].现代涂料与涂装，2014，17 (1)：26 - 30.

[27]　江玉蓉，符杨，魏书荣，等.海上风电场变压器防腐研究 [J].变压器，2010，47 (3)：40 - 43.

[28]　李承宇，王会阳，晁兵，等.风力发电设备防腐涂装 [J].电镀与涂饰，2011，30 (6)：70 - 72.

[29]　尚景宏，罗锐.海上风力发电领域——防腐蚀专业的新战场 [J].涂料技术与文摘，2009 (20)：16 - 21.

[30]　纪亭贺，李波，江一杭.海上风机材料老化性能 [J].科学与观察，2013 (3)：65 - 67.

[31]　朱相荣，王相润.金属材料的海洋腐蚀与防腐 [M].北京：国防工业出版社，1999.

[32]　林玉珍，杨德钧.腐蚀和腐蚀控制原理 [M].北京：中国石化出版社，2010.

[33]　高瑾，米琪.防腐蚀涂料与涂装 [M].北京：中国石化出版社，2010.

第7章　海上风电场的维修保养及防腐案例

目前，风力发电已成为风能利用的主要形式，受到世界各国的高度重视，而且发展速度最快，但在风能的开发和利用过程中，会遇到各种环境条件下风力发电机组的维护与防腐相关的技术难点和问题。海上风电机组不仅面对高盐雾、高湿度环境条件下腐蚀介质的侵蚀问题，而且还存在海洋环境下的物理性撞击（如船舶靠泊、浮冰及漂浮物的撞击等），乃至各种海洋生物的影响（包括贝类、植物类等附着物腐蚀）。要保护风电机组经受各种各样的环境考验，同时要满足其腐蚀防护能力达到 20 年以上的寿命要求，因此研究和探讨风力发电机组的防腐方法及防护技术显得尤其重要。由于风力发电机组从基础结构到塔架，从叶片到机舱，从各类机械零部件到电气控制元器件，都要面对各种各样大气腐蚀环境的考验，有些腐蚀因素甚至是致命的隐患，这就极大地影响到风电机组的安全运行和使用寿命，因此在开发和利用风能的过程中对风电机组的防腐技术提出了更高的要求。本文收集并整理了当前国内外一些海上风电场的维修保养及防腐案例（如丹麦 Horns Rev 海上风电场和东海大桥海上风电场等），旨在促进海上风力发电机组的防腐与维护等关键性技术的应用和突破，从而更好地推动海上风能的开发和利用。

对于海上风电场的检修维护成本方面的研究，由于海上风电场商业化运行时间不长，而且真实的运行维护数据一般很少公开，因此研究资料较少。众所周知，一套风电机组往往由若干个系统、结构和零部件组成，因而解决风力发电机组的防腐蚀问题也要从其结构所使用的材料以及安装运行环境下的腐蚀介质入手进行剖析。研究调查指出，齿轮箱是海上风机最昂贵的部件之一，也是故障率最高的大部件，同时由于海上风电场检修作业的限制，齿轮箱也成为故障维修成本最高的部件。张超然等得出了维护设备的可进入性分析尤其重要的结论，认为提高海上风机的可靠性和稳定性是减少维护费用最有效、最直接的方法。有研究报告认为海上风电场检修维护成本的大部分取决于主要部件的故障率和解决每次故障所用的检修时间。检修维护成本是海上风电场开发中对运维成本（Opex）估算时隐含的最大风险，直接关系着运行期的收益和投资回收期。而检修维护成本的真实数据一般属于海上风电场运营商的商业秘密，难以直接从公开途径得到。除了建设成本（Capex）外，运维成本（Opex）也是关系到海上风电场全生命周期收益率和投资回收的另一个关键因素。但目前我国的海上风电可行性研究及其他前期研究中，缺乏对其中主要部分即检修维护成本风险的研究，而且也缺乏海上风电场实际运行的数据记录作为研究依据。因此，对影响检修维护成本的重要风险因素，如齿轮箱的检修时长、单次/批次故障率对可用率的影响和单次/批次检修维护成本等需要进行研究。

7.1　丹麦 Horns Rev 海上风电场

Horns Rev 海上风电场位于丹麦北海日德兰半岛（Jutland），2001 年开始建设，共安装 80 台 Vestas V80 2MW 海上风机。作为首座装机容量超过 100MW 的海上风电场，Horns Rev 取得了宝贵的建设和运营经验，起到了示范作用，但也遭遇了较大的挑战。

7.1.1　建设过程

在极其紧凑的建设过程中，Horns Rev 遇到了前所未有的困难。据 Horns Rev 官方消息，该风电场全部 80 台风机均遭遇故障，所有机舱被拆下来运送到岸边进行检测与维修。其中有 47 台风机的机舱经过了维修以及重新组装。整个事故和维修过程一直延续到 2004 年底才宣告结束。

Horns Rev 的遭遇反映出海上风电场建设并非是简单地把陆上的风机稍作改进后树立在海上，而是要面对更恶劣的环境和更多的未知因素。因此，海上风电场对风机制造技术和风电场运营经验的要求要远高于陆上风电场，建设和运营的变数更大，风险更高。

7.1.2　故障分析

对于 Horns Rev 海上风电场历时一年多的频发故障，Vestas 认定其最根本的原因是零部件问题。变压器出现故障的原因有制造工艺缺陷、绝缘不良、空气中盐分的侵蚀、缺乏对海上特殊气候条件的考虑等。总的来说，当时这款 Vestas V80 风机并未真正适应海上的环境。

Horns Rev 海上风电场采用的 Vestas V80 型海上风机的第一台样机，是在 2001 年 12 月 5 日在丹麦的 Tjæreborg 风电场进行测试运行的，为了减少测试运行的成本，该样机并没有真正安装于海上，而是安装在沿海，因此并没有测试类似 Horns Rev 的高盐度环境下风机的运行状况。该款风机当时并不具备高度防盐和防腐的能力，期间还出现了安全控制系统故障，导致了所有叶片损坏。

从 Tjæreborg 风电场样机树立的时间到 Horns Rev 第一台风机开始试运营的时间只有短短的半年，在如此短暂的时间来测试风机对海上恶劣气候环境的适应能力显然不足。这种极力缩短风机研发测试和海上风电场建设周期的做法最终导致了巨大的损失，这一惨痛的教训对后续的海上风机机型的研发和测试敲响了警钟。

7.2　英国 North Hoyle 海上风电场

2003 年英国建造的 North Hoyle 风电场有 30 台单机容量为 2MW 的风机，总装机容量为 60MW。风机采用单桩基础，下部结构和塔架均为钢管。钢管桩直径 4m 和 5.1m，长度约为 50m，打入泥面下的深度约 25m。水下部分采用牺牲阳极的阴极保护。

7.2.1　运行概况

通过吸收 Horns Rev 海上风电场前期的经验教训，2003 年底英国 North Hoyle 海上风电场建成，采用了已经相对成熟的 Vestas V80 型海上风机，成为英国海上风电场首个大型示范工程。

North Hoyle 风电场的功率因数（实际发电量与理论发电量之比）达到 36％，虽然略小于期望值，但是与当年英国其他风电场的平均负载系数 28.4％相比较却显现了明显的优势。即使这样，海上风电场的表现仍不尽如人意，North Hoyle 风电场在 2005 年的可利用率只达到 84％，远低于预期的 90％。

统计显示，停机原因的 67％来自风机本身的问题，17％来自天气影响以及可到达性问题，12％来自风电场建设的影响，5％来自风机的定期维护。较低的可利用率和略低于预期的实际风速导致功率因数低于预期。同时，North Hoyle 风电场的输电电缆在陆上部分常常出现故障，进一步降低了实际的可利用率。

7.2.2　实际运营的教训

由于风资源不受人力控制，因此为了在现有可预测的风资源下取得最大的产值，还需解决诸多的问题：从提高风可靠程度的角度考虑，需要完善风机的远程监控及自我诊断能力，以降低对人力维护的依赖程度；从提高维护效率的角度考虑，需要设想一种更具成本效益以及更可靠的维护人员运送方案，以更好地抵御天气等自然条件的影响，降低维护等待时间；从项目综合管理的角度考虑，需要制定更加严密的施工方案，最大限度地避免各部分工作的互相影响，例如施工时对已铺设电缆的破坏等，确保运营基础设施正常运作；从例行维护的成本角度考虑，需要对年中各时段的风资源状况进行统计和预测，尽量将风机及其他基础设施的例行维护工作安排在风资源状况较差的时期进行。

7.3　东海大桥海上风电场防腐方案分析

7.3.1　工程概况

上海东海大桥海上风电场是亚洲第一座大型海上风电场，位于临港新城至洋山深水港的东海大桥两侧 1000m 以外沿线，最北端距离南汇嘴岸线近 6km，最南端距岸线 13km，全部位于上海市境内。该风电场由 34 台国产 3MW 风电机组组成，总装机容量为 102MW。该风电场采用四桩基础，下部结构为四角架结构，塔架为钢管。

东海大桥海上风电场所在海域由于受长江和钱塘江径流夹带的大量泥沙和营养盐的影响，悬浮物和无机氮浓度较高，超过海水的水质三类标准，硫酸盐符合海水的水质二类标准，其他污染物指标均符合海水的水质一类标准。海域沉淀物质量较好，均符合海洋沉积物质量标准。

该工程所处海域对混凝土结构中钢筋长期浸水状态下为弱腐蚀，干湿交替状态下为强腐蚀，对钢结构有中等腐蚀性，海水对混凝土结构有弱腐蚀性。

7.3.2　风机基础防腐方案

1．防腐方案

东海大桥海上风电场风机基础的混凝土承台是采取 C45 高性能海工混凝土和硅烷浸渍的联合防腐方法。

2．高性能海工混凝土作用分析

高性能海工混凝土是指混凝土必须具备高结构耐久性（高致密、低渗透、在严酷环境中抗各种化学物质腐蚀能力强等特性）、收缩徐变小（较好的体积稳定性、抗裂性）、良好的工作性（保水性好、不离析、高流动性、坍落度经时损失小等）。混凝土承台建成后将长期浸泡于海水中，混凝土结构的耐久性非常重要，在进行配合比设计时，结构耐久性将作为一个主要指标。混凝土结构耐久性的影响因素很多，最主要的是混凝土材料自身的性能，高性能混凝土能够较好地解决海工混凝土结构耐久性的问题。高性能混凝土具有较高的抗渗性能，具有密实度高、孔隙小、低收缩等优良特性，使盐难以渗入混凝土内部，从而延缓混凝土内部钢筋的锈蚀，延长混凝土结构的使用寿命。

高性能混凝土的主要特性是高结构耐久性、收缩徐变小、高工作性，根据这三个要求，通常的配置措施如下：

（1）利用高效减水剂，降低用水量，这是获得高强和高流动性的主要技术措施。

（2）掺合料，如优质磨细粉煤灰、硅灰、天然沸石粉或超细矿渣。

（3）采用 52.5、62.5、72.5 硫铝酸盐水泥、铁铝酸盐水泥及相应的外加剂。

（4）采用金属矿石粗骨料，如赤铁矿石、钛铁矿石等。

（5）掺入适量钢纤维，提高其延展性，从而提高其各项性能。

3．硅烷浸渍处理作用分析

从海工混凝土的侵蚀机理来看，保证海工混凝土的耐久性不仅要采用高效减水剂、矿物掺合料配制高性能海工混凝土，对特殊侵蚀环境与重大工程，在混凝土表面设置一层防腐涂层也十分重要。有机硅防水剂是一种理想的混凝土、砖石等建材的新型防水材料，可以水溶液或乳液形式喷涂在混凝土表面和砖石结构上，提高建材的防水、防污、防腐蚀、抗风化和耐久性能。硅烷产品是第四代有机硅防水材料，是一种具有良好渗透性、防水性、耐久性，环境友好型的有机硅防水、防腐剂，也是一种性能优良的混凝土表面密封剂，已广泛应用于道路、桥梁、隧道、水工、海工等工程中。

混凝土硅烷浸渍防护技术原理：利用硅烷特殊的小分子结构，穿透混凝土的表层，渗透到混凝土内部几到十几毫米，渗入混凝土表面深层，分布在混凝土毛细孔内壁，甚至到达最小的毛细孔壁上，与暴露在酸性和碱性环境中的空气及基底中的水分产生化学反应，聚合形成网状交联结构的硅酮高分子羟基团。这些羟基团将与基底和自身缩合，产生胶连、堆积，固化结合在毛细孔的内壁及表面，形成坚固、刚柔的防腐渗透斥水层。因为不会阻塞气孔，可保持基材的透气性。通过抵消毛细孔的强制吸力，硅烷混凝土防护剂可防止水分及可溶盐类，如氯盐的渗入，有效防止基材因渗水、日照、酸雨和海水的侵蚀而对混凝土及内部钢筋结构的腐蚀、疏松、剥落、霉变而引起的病变，还有很好的抗紫外线和抗氧化性能，能够提供长期持久的保护，提高建筑物的使用寿命。防水处理后的基材形成了远低于水的表面张力，并产生毛细逆气压现象，且不堵塞毛细孔，既防水又保持混凝土结构的呼吸。同时，因化学反应形成的硅酮高分子与混凝土有机结合为一整体，使基材具有了一定的韧性，能够防止基材开裂且能弥补 0.2mm 的裂缝。当防水表面由于非正常原因导致破损，其破损面上的硅烷与水分继续反应，使破损表面的防水层具有自我修复功能。除了公认的憎水性，硅烷混凝土防护剂也不会受到新浇混凝土碱性环境的破坏。相反，碱性环境如浇筑不久的混凝土，会刺激该反应并加速斥水表面的形成。理论上，硅烷可以和混凝土同样持久，且混凝土强度越强使用寿命可能越长。

7.3.3　钢管桩防腐方案

1. 防腐方案

东海大桥海上风电场的钢管桩根据不同的防腐分区分别采取了不同的防腐措施，具体如下：

（1）全浸区。钢管桩采用 800μm 熔结环氧粉末涂层和牺牲阳极联合防腐方式。

（2）部分浪溅区。钢管桩采取玻璃纤维复合包覆防腐技术。其他浪溅区钢结构采用厚 800μm 的改性环氧树脂底漆＋厚 60μm 的丙烯酸聚氨酯面漆。

（3）大气区。采用厚 440μm 的改性环氧树脂底漆＋厚 60μm 的丙烯酸聚氨酯面漆。

由于该工程建成不久，所采用的防腐措施到目前还未出现问题。但这些防腐方法均已经应用在海洋环境的其他领域中，它们的作用机理及防腐效果在下文中分别叙述。

2. 熔结环氧粉末涂层和牺牲阳极联合防腐方式

熔结环氧粉末涂层（FBE）是一种由环氧树脂、固化剂、助剂、填料和颜料等组成的单组分、热固性粉末涂料，具有热固性交联分子结构特点以及与钢的某种程度的化学键结合特性。FBE 从 1971 年正式用于管道工程防腐，至今超过 40 年历史，由于其与钢管本体的卓越黏聚力和耐化学腐蚀性能、耐阴极剥离性能以及不会造成阴极保护屏蔽等突出的优点，故而成为国际国内埋地管道防腐材料的首选涂层结构。国外 20 世纪 80 年代就用 FBE 取代其他防腐涂层，90 年代以来，在新制定的海洋工程项目中，管道的防腐基本都采用 FBE 技术。到目前为止，FBE 的施工已具有非常成熟的工艺技术和国际国内通用的施工规范，如加拿大国家标准 CAN/CSA－Z 245.20－M92《钢管外熔结环氧涂层》和我国石油行业标准 SY/T 0315—97《钢质管道熔结环氧粉末外涂层技术标准》。

1981 年，英国 Marather 石油公司首先成功地在北海安装了一条 FBE 和水泥配重涂层管线（直径为 762mm）。1992 年，美国在 Exxon's Santa Ynez 海底管线项目（一条位于水深 400m 以下的深水管线）中，管道的防腐全部采用 FBE 技术。近年来，随着国内对管道防腐重要性认识的提高及管道防腐技术的发展，也开始采用 FBE 技术。

2005 年，我国杭州湾和镇海海底管线项目的海底管线全部采用 FBE 和混凝土配重涂层管线，目前已铺设完成并投入运营。大量的应用表明，FBE 是海底管道防腐的理想手段。

阴极保护是海水平均低潮位以下（包括全浸和海泥区）的钢构件防腐的最有效方法。阴极保护较显著的特征就是不仅能有效地防止或阻止均匀腐蚀，还能有效地防止或阻止局部腐蚀如孔蚀、缝隙腐蚀等。阴极保护分为牺牲阳极的阴极保护和外加电流的阴极保护两种。由于阴极保护的技术优势与特点，国内外兴建的海洋工程，包括码头、跨海大桥等全浸以及海泥区钢结构均采用了阴极保护作为腐蚀防护的主要措施。

对于钢板桩码头防腐，我国通用的做法是临海侧采用涂层和阴极保护联合保护的措施，临岸侧仅采用涂层保护。但是涂层毕竟不能抑制局部腐蚀，且在钢板桩打入海泥的过程中也容易遭到破坏。根据已调查的数据表明，海泥区的钢结构腐蚀也不容忽视，因此对于临岸侧的钢板桩实施阴极保护技术也是必要的。同时，由于海泥区的电阻相对较大，导致安装在海泥中的牺牲阳极接触电阻较大，为保证牺牲阳极发出的电流可以达到设计要求，势必增大阳极的体积，导致工程成本增加，在这一情况下实施外加电流阴极保护可以相对降低工程成本，对于全面控制钢板桩临岸侧的腐蚀是较为经济的选择。在海港码头钢板桩的临岸侧实施外加电流阴极保护，需重点考虑阳极的安装方式和对码头面已有结构可能会造成的杂散电流腐蚀等问题。

海洋环境对钢结构具有很强的腐蚀性，海港中仅采用涂层保护已不能满足防腐的要求，需要采用涂层保护和阴极保护联合防腐技术。牺牲阳极的阴极保护是一种成熟的防腐技术，在国内外有众多成功的工程先例。杭州湾跨海大桥的钢管桩采用了 FBE＋牺牲阳极＋腐蚀裕量联合防腐方式，取得了较好的防腐效果。因此，该防腐方案用在海上风电场钢管桩的防腐上具有可行性。

3. 玻璃纤维复合包覆防腐技术

浪溅区和潮汐区的包覆防腐蚀措施主要有矿脂包覆防腐、玻璃钢包覆防腐、包覆耐蚀金属、包覆聚乙烯等。

矿脂包覆技术具有良好的黏着性、表面处理要求低、可带水施工、防冲击性能良好、防海生物污损、绿色环保等特点。一般由矿脂膏、矿脂带和防护罩组成。矿脂包覆技术因对基材表面处理要求低特别适合于建筑物的防腐修复。此项技术在国外已非常成熟，已有海洋和码头工程使用时间达 30 年以上的记录。目前国内矿脂包覆技术产品主要有中科院海洋所的 PTC 包覆防腐蚀系统和英国的 Denso 矿脂包覆防腐蚀系统。包覆防腐蚀系统已在胜利油田海上采油平台、青岛港液化码头、宁波港矿石码头、天津港联盟国际集装箱码头等项目上获得成功应用；Denso 矿脂包覆防腐蚀系统已在香港南丫岛电厂、宁波北仑港盐田港（2008）、营口港、天津港联盟国际集装箱码头、宝钢马迹山港等成功应用。

玻璃纤维增强树脂复合包覆防腐采用耐候、耐海水不饱和聚酯作为基体树脂，玻璃纤维作为加强层，两者互相涂覆缠绕制成。复合材料在耐酸碱、耐腐蚀、抗拉强度、拉伸弹性模量等方面都具有优异的性能。理论推算 2.5mm 以上玻璃纤维增强树脂复合包覆层腐蚀寿命为 58.1 年。该技术已经成功用于上海洋山港东海大桥、上海石化总厂海运码头化工码头、宁波北仑商检取样平台、上海高桥石化销售码头、南通汇丰油码头、上海炼油厂码头、宝钢煤码头等多个项目。其中上海石化总厂化工码头在施工 15 年后、北仑商检取制样平台在施工 17 年后开包检测发现保护效果良好。

包覆耐蚀金属主要有耐海水不锈钢包覆技术和铜镍合金包覆技术。不锈钢包覆技术使用焊接耐海水锈蚀的不锈钢罩板将钢结构包覆起来。耐海水不锈钢包覆材料具有良好的耐腐蚀性、耐冲击性和耐疲劳特性，出现损伤的概率小，即使出现损坏，也可很快进行焊接修复。铜镍合金包覆技术可以使用镍铜合金 400 或铜镍合金 90/10 的铜镍合金板进行包覆。铜镍合金板耐蚀性好，年均腐蚀速度仅 $1\sim2\mu m$。美国数以百计的海洋工程钢结构的浪溅区和潮汐区包覆了这种合金护板，国内也有相关产品出售。

聚乙烯包覆技术是在埋地钢质管道上使用较多的一种防腐方法。有聚乙烯胶带和聚乙烯夹克两种防腐层形式。聚乙烯粘胶带防腐层是由底漆、内带和外保护带组成，可采用手工或机械缠绕施工。聚乙烯夹克又有两层结构和三层结构两种，两层结构底层为胶粘剂，面层为聚乙烯，三层结构是在两层结构的基础上加上一层环氧底涂层。聚乙烯粘胶带粘接和搭接不易确保严密，胶带层下易出现局部剥离而导致腐蚀。聚乙烯防腐层，尤其是三层结构的聚乙烯夹克，被认为在电性能、机械性能、化学性能、使用寿命等方面性能优异。其缺点是必须在工厂由特定设备预制。国内将聚乙烯包覆技术用于海洋工程结构的案例不多，已知的是丹东港大东港区码头工程。

在施工良好及漆膜完好的情况下，上述防腐措施均具有较好的效果。环氧粉末涂料和100％固体份聚氨酯涂料相对较为便宜，但是两者对底材处理要求高，施工期易被破坏，现场修复困难。玻璃钢包覆也存在同样的问题。改性环氧树脂涂料和改性环氧玻璃鳞片涂料表面处理要求低，可用于现场修复，可复涂，但是用于水下区修复效果较差（＜5年），潮湿环境修复效果较好（10～15年）。玻璃鳞片涂料和改性环氧树脂涂料耐候性好，耐冲击，可以用于冰区。矿脂包覆和包覆耐蚀合金费用较贵，可考虑用于敏感部位。矿脂包覆可带水施工，对底材处理要求低，尤其适用于防腐涂层修复。

4. 改性环氧树脂底漆＋丙烯酸聚氨酯面漆复合防腐技术

环氧重防腐涂料具有施工方便、附着力强、防腐效果好、长效、经济等优点，在浪溅区和潮汐区的恶劣环境下具有良好的防腐效果，因此在国内得到了广泛应用。天津港、东海大桥、马迹山港、宁波25万t原油中转码头等都使用了环氧重防腐涂料。

改性环氧树脂分子量低，渗透性强，具有优异的封闭性能和附着力，溶剂含量少，有利于环境保护，与阴极保护有着良好的相容性。厚浆型改性环氧树脂涂料具有优异的防腐蚀性能，国外海洋平台上已经有30年以上的使用业绩。改性环氧树脂漆对表面处理要求低，可以用于漆膜破损修复。

厚浆型聚氨酯涂料物理机械性能良好，漆膜坚韧耐磨，附着力强、耐腐蚀性优良、耐酸碱、抗盐雾性强。100％固体份刚性聚氨酯重防腐涂料在营口港液体化工码头、青岛黄岛液体化工码头、洋山深水港码头等水工建筑物中已使用，在国外已有20多年的使用记录。

7.3.4 机组防腐方案

机组采用了密封防腐与微正压防腐相结合的防腐方案。轮毂、机舱为全密封结构；塔架装有通风系统，进风口安装过滤器，可以过滤空气中的水分、盐分，允许过滤后的干净空气进入塔架，再通过塔架门上部的出风口排出。

（1）轮毂密封。轮毂前方有轮毂盖，旋转侧和叶片相连接，后部与主轴连接，内部为全密闭结构。

（2）机舱密封。机舱的有效密封主要是对相对运动的连接处（如主轴—机舱，机舱—塔架连接处）采用毛刷密封＋橡胶密封条双层密封方式。密封条有不同材料和不同的成型形状，选取合适的密封条既能达到密封效果又不会因长期使用而发生变形（图 7-1）。

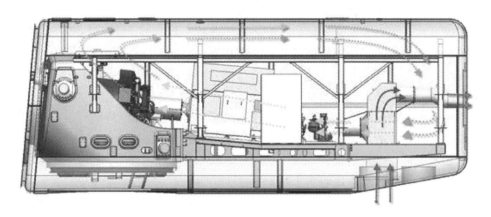

图 7-1 机舱密封与冷却

（3）塔架通风过滤。机组塔底装有通风装置，内含过滤器，只允许过滤后的洁净空气进入塔架。通风系统进、出风口都安装了百叶窗，采用"失效安全"设计，停机时百叶窗关闭，防止外部未过滤的空气进入塔架内部。塔架上部与机舱连接，底部与过渡段相连。所有的缝隙都被仔细地密封，比如，塔架门装有密封橡胶垫，以防止缝隙漏风。

（4）机组内部环境控制措施。

1）运行时的湿度控制。在运行时，通过监控机组内、外部的湿度，控制系统会调整机舱冷却系统和塔架通风系统的功率，使得机舱、塔架内部温度比外界高 5~10℃，从而把机组内部的湿度降低到 60% 以下。如果外部环境温度过高，主控系统可以开启机组内部的干燥器（选配），降低机组内部的湿度，并保证机舱内部的温度范围。

2）停机时的湿度控制。机组停机时，塔架通风过滤系统停止，百叶窗合上，整个机组完全密封，防止外部潮湿、含盐空气侵入。机组内部部件按照 C4 腐蚀等级设计，完全可以满足停机时的涂层损耗。此外，机组内部的干燥箱（选配）失电后开启，内置干燥剂可以吸收机组内部水分，使机组内部空气保持干燥。

3）湿度超限报警。机组内部安装了四个温度湿度传感器，轮毂内、塔底和机舱内前、后分别装有一个温度湿度传感器。湿度超过设计值后，主控系统会报警，提醒运行人员对机组进行检查。

7.3.5 部件的防腐措施

在大气区和浪溅区内，主要通过表面涂层来实现腐蚀防护。涂层系统可避免钢材氧化，起到保护作用。涂层系统的选择可根据 ISO 12944《色漆与清漆——钢结构防腐涂层保护体系》标准进行，根据 GL 船级社 2005 版的要求，海上风电机组外部表面腐蚀等级为 C5-M，机组内部与海风直接接触的表面腐蚀等级为 C4，机组内部不直接接触海风的表面腐蚀等级为 C3。

基础的水下部分（全浸区）采用牺牲阳极保护与涂层保护相结合的措施。牺牲阳极主要由铝或锌制成。由于锌、铝比钢材更容易腐蚀，能够向钢材提供电子，从而实现对钢材表面的阴极保护。

1. 塔架、轮毂外表面保护

防腐等级：C5-M。

涂层系统：4 层环氧树脂包括 TSM 富锌底漆和聚氨酯面漆，名义干膜厚度（NDFT）最小值为 $350\mu m$。其中，塔架外表面涂层还具有抗磨损、防紫外线功能。

2. 塔架、机舱和轮毂内表面保护

防腐等级：C4。

涂层系统：2 层涂料包括富锌底漆和环氧厚浆型漆，名义干膜厚度（NDFT）最小值为 $190\mu m$。

3. 机械零部件防腐

一般根据所在位置，参照以上所列两种方式进行。

4. 电气零部件防腐

重要电气零部件，如电机、泵、编码器、传感器、限位开关等，选用船用级别电气元件。

主控系统柜体选择 IP66 防护等级的柜体，外加防腐涂层，在断电情况下，在机柜内加干燥剂除湿；在通电情况下，在柜内安放加热、除湿装置，通过控制系统检测机柜内的湿度启动加热、除湿装置；同时，在机柜通风进出口加防盐雾滤网。

变流器机柜完全密封，采用水冷方式，降低内部电气元件与塔架内空气接触的概率。

机组内部电缆使用船用电缆。

变压器的设计满足海洋环境要求。

5. 法兰面防腐

非工作面按照标准 GB/T 9793—1997《金属和其他无机覆盖层热喷涂锌、铝及其合金》进行热喷涂锌、环氧富锌底漆防腐；工作面涂防锈油，并在外侧涂密封胶，防止与空气接触。

6. 紧固件防腐

高强度螺栓采用达克罗防腐方式处理，符合 ISO 10683 技术要求，进行 720h 的盐雾试验。如果在螺栓紧固过程中，涂层破坏严重，可在紧固完成后，对破坏部位采用补漆等辅助防腐措施。

普通螺栓采用镀锌钝化处理方式。

机组外部的螺栓材料为满足 C5-M 等级的不锈钢，螺栓紧固后，可刷涂油漆进行辅助防腐。

7. 其他

铝、热浸锌和不锈钢部件不进行额外涂层保护。

7.3.6 参考标准

防腐保护参考标准见表 7-1。

表 7-1 防 腐 保 护 参 考 标 准

防腐规定及表面处理	ISO 12944—1、2、3、4、5、6、7、8
涂料认证	ISO 12944—6，ISO 20340
预处理方法	ISO 8504—1、2、3，EN 1090—2
预处理控制	ISO 801—1、2，ISO 8502—1、2、3、4，ISO 8503—1、2、3、4
金属镀锌	ISO—2063，ISO 14713
喷涂控制	ISO 2409，ISO 2808，ISO 4624，ISO 20340
表面控制	ISO 4628—1、2、3、4、5、6
表面光泽	ISO 2813

7.4 东海大桥风电二期钢管桩防腐方案分析

7.4.1 背景介绍

1. 玻璃纤维复合包覆技术的特点

（1）使用寿命长。根据 Fick 扩散渗透定律，理论推算 2.5mm 以上复合包覆层耐腐蚀寿命为 58.1 年，完全可以满足东海风电二期钢管桩 30 年的防腐设计年限。

（2）抗锤击力强。在包覆于管桩后能经受强大的打桩锤击力，根据港湾院的观测记录，东海大桥 PHC 管桩在 2800kN 锤击力下，锤击数量 4000 次，未发现任何打桩造成的开裂、剥离等破坏现象。

（3）安全可靠、经济耐用。与传统重防腐涂层、环氧粉末涂层、热喷涂金属等措施相比，该技术耐摩擦、耐碰撞，使用期内无需大修、更换，寿命期内成本较低。

2. 玻璃纤维复合包覆技术的应用

玻璃纤维复合包覆技术的应用实例如图 7-2 所示。

(a)东海大桥　　　　　　　　　　　　　　(b)东海大桥沉桩

图 7-2（一） 玻璃纤维复合包覆技术应用实例

（c）香港南丫岛二期　　　　　　　　　　（d）泰国八世皇大桥

图 7-2（二）　玻璃纤维复合包覆技术应用实例

3. 与传统防腐措施的比较

钢管桩浪溅区和潮汐区腐蚀程度最为严重，表 7-2 是国内外目前常用的防腐技术及其比较。

表 7-2　浪溅区及潮汐区常用防腐蚀方案比较

技术方案	特　　　点	全寿命周期经济费用 /（元·m⁻²）		使用及维护要求
		初期投资	维护费用	
重防腐涂层（800μm）	1. 涂料种类多，价格便宜； 2. 耐冲刷、耐磨性能好，强度高	150	300	每 10 年需大修 1 次，30 年需大修 2 次
环氧粉末涂层（800μm）	1. 化学抗腐蚀性能好； 2. 涂层附着力强、致密性好	120	300	破损后只能用其他涂层进行现场修补。每 15 年需大修 1 次
热喷涂金属（280μm）	1. 操作灵活，适用于多种结构； 2. 金属涂层厚度操作范围宽	140	300	
包覆复合材料层（2.5mm）	1. 不降解、耐老化； 2. 耐摩擦、耐碰撞，可用于恶劣环境	240	0	30 年使用寿命内不需大修、更换

注　以上方案设计基于东海水质环境考虑，钢构件表面处理至 Sa2.5 级。

7.4.2　玻璃纤维复合包覆技术方案

1. 技术优势

作为一种复合材料，玻璃钢由不同特性的玻璃纤维制成，所用的不饱和树脂基体是分散介质，增强材料为分散相。使用过程中，这种有机结合使得所制成的玻璃钢复合材料在耐酸、耐碱、耐腐蚀、抗拉强度、拉伸弹性模量等方面都具有优异的性能。具体表现如下：

（1）采用耐候、耐海水的专用树脂作为树脂基体，进一步提高耐候性和耐海水性。

（2）材料为多种玻璃纤维制品复合而成，包覆层树脂含量可达 68%，结构更致密，能有效抵御腐蚀介质的渗透，对被包覆对象进行有效防护。

（3）作为一种热固性材料，固化时有一定的收缩率，使复合被覆层将管桩越包越紧，因而不会产生鼓泡破坏。

（4）机械缠绕方法包覆成型，包覆层坚牢耐磨，经受得起搬运、吊装、摩擦和碰撞，即使稍有破损，也可方便维修。

（5）抗锤击力强。包覆于管桩后能经受强大的打桩锤击力，根据港湾院的观测记录，在 2800kN 锤击力下，锤击数量 4000 次，未发现任何打桩造成的开裂、剥离等破坏现象。

（6）具有良好的耐海生物侵蚀性，且不降解，老化过程非常缓慢。

2. 原材料特性

根据东海大桥水质环境和实际工程经验，对东海大桥风电二期钢管桩采用玻璃纤维复合包覆技术，包覆层设计总厚度为 2.5mm±0.5mm，包覆范围为桩顶以下 1.7～16m（包覆长度 14.3mm），J 形管包覆范围为桩顶以下 4.5～18.8m（包覆长度 14.3mm），防腐年限为 30 年。包覆层由里至外分别为：1CSM ＋ 1CWR ＋ 1CSM ＋ 1CWR＋1SM＋1CWR。具体规格参数如下：

（1）CSM 中碱玻璃纤维短切毡。

单位面积质量（g/m²）：380±38；

断裂强力（N）：≥150；

含水率（%）：≤0.4。

（2）CWR-0.2 中碱玻璃纤维布。

单位面积质量（g/m²）：200±20；

断裂强力（≥N/2.5cm）：径向 637，纬向 500；

组织：平纹；

织物密度（根/cm）：径向 6.0，纬向 4.1。

（3）SM 玻璃纤维增强表面毡。

单位面积质量（g/m²）：30；

纵向拉伸强度（N/50mm）：≥30；

浸透时间（二层）（s）：≤9；

含水率（%）：≤0.5。

（4）基体树脂：耐候、耐海水不饱和聚酯专用树脂。

外观：微黄色透明液体；

黏度（25℃旋转黏度计）CP：420～580；

凝胶时间（25℃）（min）：20～40；

固体含量（%）：60±3.5。

（5）玻璃纤维增强包覆层机械性能。

拉伸强度（MPa）：≥100；

弯曲强度（MPa）：≥110；

总含胶量（%）：≥68。

3. 施工工艺

包覆施工工艺流程如图 7-3 所示。

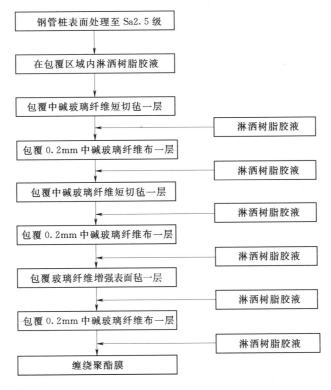

图 7-3 包覆施工工艺流程图

机械缠绕工艺流程如图 7-4 所示。

4. 质量控制及检测

（1）表面清理。钢管桩在包覆前对外表面进行喷砂除锈处理至 Sa2.5 级，以确保桩壁与胶液之间能形成良好的接触。

（2）表面处理后，对表面粗糙度进行检验，要求达到 $50\mu m$，合格后方可进入后续施工。

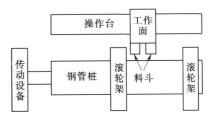

图 7-4 机械缠绕工艺流程图

（3）包覆纤维层。在表面处理好的钢管桩管节外壁上淋洒树脂胶液后，首先包覆中碱玻璃纤维短切毡一层，接下来是包覆 0.2mm 中碱玻璃纤维布一层，然后如此重复完成全部 6 层纤维复合层的包覆，最后缠绕聚酯膜完成包覆施工。

（4）包覆层固化。包覆完成后钢管桩需在滚轮架上继续旋转 2h，待树脂良好初凝后，运至堆场静置至少 48h 才可落驳出运。

（5）整个施工过程及后续的质量检测要求见表 7-3。

其中，包覆层总厚度的检验频率及具体要求如下：①包覆层厚度的检测频率一般每 50 根桩抽查 1 根。待包覆层固化 24h 后即可用 MICROTEST 磁性测厚仪进行测量。每 $10m^2$ 取 1 个测点，90% 检测点的包覆层干膜厚度必须达到或超过设计厚度值，其他检测点的干膜厚度也不应低于 90% 的设计厚度值。当不符合上述要求时，应根据情况进行局部修补或全面修补。②对包覆层同时进行击穿电压试验，以对包覆层的介电特性进行检验。

表 7-3　质 量 检 测 要 求 表

序号	检测内容	检测仪器	合格标准	备注
1	表面粗糙度	E224-S	$50\mu m$	
2	产品外观	目测	表面平整、光洁、无杂质混入、无纤维外露、无目测可见裂纹	逐件检查
3	包覆长度	钢卷尺	达到设计要求	逐件检查
4	表面硬度	巴柯乐硬度计	不小于 38（巴氏硬度）	
5	包覆层总厚度	MICROTEST 磁性测厚仪	2.5mm±0.2mm	
6	包覆层介电特性	DJ-Ⅱ（B）型管道防腐层检漏仪	击穿电压大于 5kV	

7.4.3　包覆工程应用

1. 工程经验

从 1983 年开始，上海勘测设计研究院先后在多项码头钢管桩、混凝土管桩防腐工程项目中，采用了玻璃纤维增强复合包覆层防腐技术。部分应用实例汇总见表 7-4 和表 7-5。

表 7-4　　　　　国内工程采用玻璃纤维增强复合包覆层工程实例

年　份	工 程 名 称	桩　型
1983	上海石化总厂海运码头化工码头	φ1200mm 钢管桩
1984	宁波北仑商检取样平台	φ1200mm 钢管桩
1989	连云港庙岭平台	φ1200mm 钢管桩
1991	上海高桥石化销售码头	φ1200mm 钢管桩
1993	广东汕头防波堤码头	φ800mm 钢管桩
1993	南通汇丰油码头	φ1000mm 钢管桩
1993	上海炼油厂码头	φ800mm 钢管桩
1993	上海杨树浦电厂	φ1000mm 钢管桩
1995	宝钢煤码头	φ800mm 钢管桩
1996	崇明岛越江高压电线墩基	φ1000mm 钢管桩
2002	洋山港东海大桥	φ1200mm PHC 桩

表 7 – 5　境外工程采用玻璃纤维增强复合包覆层工程实例

年　份	工　程　名　称	桩　　型
1980	哥伦比亚港	钢闸门
1996	缅甸码头	PHC 桩接头 $\phi800mm$
1997	香港南丫岛电厂码头一期	$\phi1100mm$、$\phi400mm$ 钢管桩
2001	香港南丫岛电厂码头二期	$\phi1000mm$、$\phi800mm$ 钢管桩

2. 施工流程图

施工流程如图 7 – 5 所示。

（a）管桩包覆前

（b）淋洒树脂胶液

（c）包覆针织短切毡

（d）包覆玻璃纤维布

（e）缠绕聚酯膜

（f）包覆成品

图 7 – 5　现场施工流程图

3. 跟踪结果

对部分码头的跟踪检测结果见表 7 - 6。

表 7 - 6　对部分码头的跟踪检测结果

工程名称	检测时间	时间间隔/年
上海石化总厂化工码头	1986 年 1 月 24 日	2.5
上海石化总厂化工码头	1986 年 6 月 21 日	3
上海石化总厂化工码头	1987 年 6 月 13 日	4
上海石化总厂化工码头	1988 年 11 月 11 日	5
上海石化总厂化工码头	1998 年 2 月	15
北仑商检取制样平台	1986 年 8 月 8 日	2
北仑商检取制样平台	2001 年 2 月	17

开包检测结果如下：

（1）玻璃钢表面均保持原有光泽，未发现玻璃钢有褪色、粉化、剥离和龟裂等现象。

（2）低潮位处，表面虽长满海生物，但未见玻璃钢破损。

（3）被钢丝绳擦伤处和被尖硬物破损处，有红棕色铁锈。

（4）对前次开片检查后补贴的地方，再扩大范围开片检查，发现保护良好。

（5）开片大小为 10～15cm 见方。凿下的玻璃钢片与钢桩的黏聚力较牢。化工码头的钢桩是机械打磨除锈，仍留有氧化皮。当玻璃钢片凿下后，表面仍保持钢桩原样，局部连氧化皮一起下来，可见到金属铁的光泽。而北仑平台钢桩是不彻底的喷砂除锈，玻璃钢片不易凿下，但铲除玻璃钢残余后，即显露出灰色金属铁的光泽。

（6）开片后，无论高潮位或低潮位，均未发现渗水现象。

（7）破损经扩大范围开片后，发现钢桩锈蚀范围扩大甚少，在锈蚀直径 1 倍以外的钢桩表面，仍保持良好。

根据以上跟踪取样结果来看，玻璃纤维增强复合包覆是一项成熟的、可靠的、行之有效的防腐技术。根据以往多次对厚 2.5mm 的玻璃纤维增强复合包覆层的现场取样检查和观察及室内加速模拟试验结果，目前，学术界普遍认为复合材料在设计正确、施工合格的前提下，玻璃纤维增强复合包覆层的寿命可以达到 40～60 年。

设计正确的前提是：①玻璃钢表面必须具有足够厚度的富树脂层；②基体树脂对于使用介质必须是充分耐蚀的；③增强纤维和树脂之间的界面结合必须是充分可靠的（即充分浸润并有偶联剂结合）。以此 3 点为前提，从以下几方面对玻璃纤维复合包覆技术的可行性进行论证，具体包括：玻璃钢的耐候性；Cl^- 对玻璃钢的渗透行为；玻璃钢的寿命预测等。论证主要引用国内外已经发表的试验结果，以增强所作结论的客观性和科学性。

7.4.4　包覆层的耐候性研究

各国对玻璃纤维增强复合包覆层的耐候性都进行过很系统的研究，资料繁多，但结论都相类似，这里主要引用我国发表的试验结果。

在原国家建材部的领导下，我国曾在玻璃纤维增强复合包覆层老化方面进行过全国性的系统研究，成立了玻璃纤维增强复合包覆层/复合材料防老化工作组，开展过 10 年大气曝晒和海水浸泡的全国布点的试验课题。这里引用部分结果来说明一下玻璃纤维增强复合包覆层的耐候性。

表 7-7 为玻璃纤维增强复合包覆层在哈尔滨 10 年和广州 3 年复合包覆层船艇进行 20 年跟踪老化测试，得到玻璃纤维增强复合包覆层在水（海水）浸泡和湿热环境下的弯曲强度保留率（图 7-6）。表 7-8 是玻璃纤维增强复合包覆层船体材料第 20 年的弯曲强度保留率。

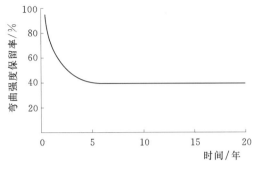

图 7-6 玻璃纤维增强复合包覆层弯曲强度保留率

表 7-7 玻璃纤维增强复合包覆层老化测试的力学性能保留率 ％

力学性能	地区	龄 期				
		1 年	2 年	3 年	8 年	10 年
弯曲强度	哈尔滨	87	92	98	92	73
	广州	102	92	89	—	—
弯曲弹模	哈尔滨	86	96	98	82	82
	广州	100	102	95	—	—
拉伸弹模	哈尔滨	85	84	83	87	77
	广州	99	90	105	—	—
冲击韧性	哈尔滨	116	137	138	110	
	广州	147	105	103		

图 7-6 表明，玻璃纤维增强复合包覆层在水或海水浸泡条件下，弯曲强度在头三年的下降差不多达到一半，其后玻璃纤维增强复合包覆层的力学性能基本上趋于稳定，并无明显下降。这一结论在国内外诸多文献中具有一定的普遍性。

表 7-8 第 20 年玻璃纤维增强复合包覆层船体材料弯曲强度表

船号	原始值 /(kg·cm⁻²)	最大值 /(kg·cm⁻²)	最小值 /(kg·cm⁻²)	平均值 /(kg·cm⁻²)	保留率 /%	说 明
505	2410	1235	932	1136	47	船体取样后，外壳面放湿回丝，然后用薄膜包起来，带回上海手工加工后测试
805	2203①	1897	1182	1481	67①	
505	2410	1016	765	892	37	
805	2203①	1086	1037	1058	48①	将上述手工加工后试样放在蒸馏水中浸泡 70 天，然后取出立即测试

① 15 条船体的原始平均强度值。

表 7-9 是中交上海港湾工程设计研究院和华东理工大学合作开展的"玻璃钢海水腐蚀性能研究"中，3 种铺层的玻璃纤维增强复合包覆层在人造海水条件下，60℃加速静态

浸泡 1 年试验的试样弯曲强度保留率；表 7-10 是同样 3 种铺层玻璃纤维增强复合包覆层试样在 45℃盐雾（仿海洋湿热环境）条件下 60 天试验的弯曲强度保留率。图 7-7、图 7-8 是上述两项试验结果的变化趋势图。由上述分析可以得出：①具有富树脂层（即采用玻纤毡者）的试样比仅采用玻纤布的玻璃纤维增强复合包覆层弯曲强度的保留率要高得多；②盐雾试验的数据在 60 天即趋于平稳。将本试验结果同国家 10 年曝晒试验结果加以比较，其 60℃加速的 1 年静态结果可以大体上同 3 年常温浸泡的数据相当。

表 7-9　静态浸泡条件下试样的弯曲强度保留率

材料	项　目	浸泡时间/天							
		0	1	7	14	21	30	60	365
Ⅰ	浸后弯曲强度/MPa	162.2	165.5	141.9	145.6	136.2	127.4	105.0	70.9
	浸后弯曲强度保留率/%	100.0	102.0	87.5	89.8	84.0	78.5	64.7	43.7
Ⅱ	浸后弯曲强度/MPa	151.6	156.1	135.6	120.6	103.8	131.4	145.2	76.9
	浸后弯曲强度保留率/%	100.0	103.0	89.4	79.6	68.5	86.7	95.8	63.9
Ⅲ	浸后弯曲强度/MPa	131.7	137.0	116.8	113.5	120.6	138.2	108.5	91.4
	浸后弯曲强度保留率/%	100.0	104.0	88.7	86.2	91.6	105.0	82.4	69.4

注　材料Ⅰ、材料Ⅱ、材料Ⅲ分别是不同铺层结构的玻璃纤维增强复合包覆层。

表 7-10　盐雾条件下试样的弯曲强度保留率

材料	项　目	浸泡时间/天							
		0	1	7	14	21	30	60	90
Ⅰ	试后弯曲强度/MPa	162.2	159.0	158.1	145.6	133.4	123.6	124.7	118.4
	试后弯曲强度保留率/%	100	98.0	97.5	89.8	82.2	76.2	76.9	73.0
Ⅱ	试后弯曲强度/MPa	151.6	145.5	132.9	120.6	144.5	145.9	124.3	121.6
	试后弯曲强度保留率/%	100	96.0	87.7	79.6	95.3	96.2	82.0	80.2
Ⅲ	试后弯曲强度/MPa	131.7	129.1	131.8	105.7	125.1	140.8	111.7	107.7
	试后弯曲强度保留率/%	100	98.0	100.1	86.2	95.0	106.9	84.8	81.8

注　材料Ⅰ、材料Ⅱ、材料Ⅲ分别是不同铺层结构的玻璃纤维增强复合包覆层。

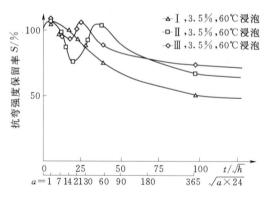

图 7-7　3 种不同铺层玻璃纤维增强复合包覆层
在 60℃加速静态浸泡条件下的试验曲线

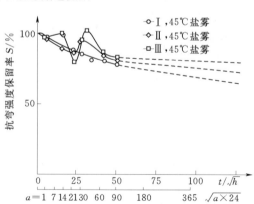

图 7-8　3 种不同铺层玻璃纤维增强复合包覆层
在 45℃盐雾条件下的试验曲线

7.4.5　玻璃纤维增强复合包覆层抵抗氯离子侵蚀的特性研究

由于采用玻璃纤维增强复合包覆层作为管桩的防腐蚀层，所以 Cl⁻ 对玻璃纤维增强复合包覆层的渗透行为是至关重要的，需要特别关注，国外科学家对此进行了比较深入的研究并卓有成效。

图 7-9 是美国科学家 Regester R.F. 研究盐酸溶液中 Cl⁻ 和盐水溶液中 Cl⁻ 对玻璃纤维增强复合包覆层渗透行为的试验结果，结论如下：Cl⁻ 由于具有很小的尺度，具有与水中的 H⁺ 相同数量级的渗透能力；即使 NaCl 水溶液具有与 HCl 溶液相同的 Cl⁻ 浓度（14.6%），在 100℃ 条件下，Cl⁻ 对具有 100mil❶ 富树脂层的双酚 A 不饱和聚酯玻璃纤维增强复合包覆层在两个月后的渗透深度是明显不同的。盐水中的 Cl⁻ 仅渗透进约 12mil，而盐酸中的 Cl⁻ 却渗透进约 73mil。

Regester R.F. 的试验结果后来被广泛应用，具有重要的意义，表明玻璃纤维增强复合包覆层只要具有厚 2.5mm 的富树脂层，就能抵御腐蚀介质的渗透。这一结论后来成为有关玻璃纤维增强复合包覆层标准的理论基础，美国标准 ASTM 3299、英国标准 BS 2994、法国标准 NF 86 等都作了相应规定。

采用介电分析试验法和电子探针表面分析技术对 Cl⁻ 对玻璃纤维增强复合包覆层的渗透行为进行了相应的研究。图 7-10 是进行介电分析法试验装置的简图，图 7-11 是图 7-10 装置的等价电路图。将具有表面毡和短切毡铺层的玻璃纤维增强复合包覆层直接糊在不锈钢底板上，在玻璃管状容器中分别采用 3.5% HCl 溶液和 3.5% NaCl 溶液在 60℃ 下进行静态浸泡，并按龄期测量试样相对介电系数的变化，试验进行 21 天，其结果如图 7-12 所示。结果表明，虽然在两种溶液中 Cl⁻ 浓度是相同的，但在同样的材料中，Cl⁻ 的渗透能力是不相同的，这与 Regester R.F. 的试验结果是一致的。

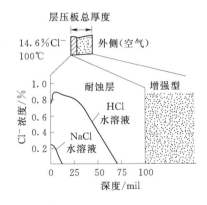

图 7-9　在含有 14.6%Cl⁻ 的水溶液中，Cl⁻ 对双酚 A 反丁烯二酸聚酯玻璃纤维增强复合包覆层的渗透（两个月后的数值）

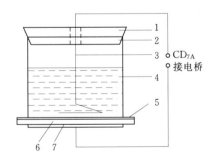

图 7-10　介电分析法试样及测试原理简图
1—定位塞；2—玻管；3—铂金电极；4—介质；5—玻璃钢积层；6—不锈钢底板；7—测量底板

除此以外，采取上述介电分析试验中 60℃ 单面浸泡的相同方法，按龄期取样，用电

---

❶　1mil＝0.0254mm。

子探针仪对玻璃纤维增强复合包覆层试样背面进行化学元素分析测量，以判断 Cl^- 是否穿透玻璃纤维增强复合包覆层。结果表明，3.5％盐酸溶液 60℃ 条件下浸泡 1 年的试样 Cl^- 已经穿透，而 3.5％海盐溶液 60℃ 浸泡 1 年条件下的试样 Cl^- 未能穿透。图 7-13 是这种玻璃纤维增强复合包覆层的电子探针照片，照片表明试样中的玻璃纤维界面、形貌清晰，没有任何腐蚀迹象。

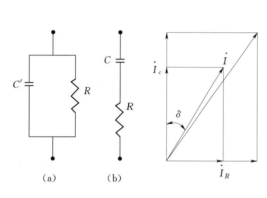

图 7-11　等价测试电路示意图

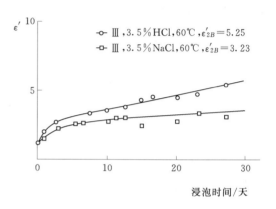

图 7-12　具有相同 Cl^- 浓度溶液浸泡下试样的相对介电常数 ε' 的变化曲线

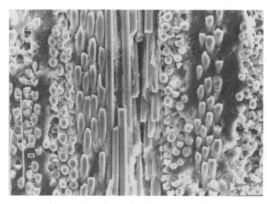

图 7-13　具有玻纤毡铺层的玻璃纤维增强复合包覆层在 3.5％海盐溶液 60℃ 浸泡 1 年的电子探针照片

7.4.6　玻璃纤维增强复合包覆层的寿命推算

玻璃纤维增强复合包覆的防腐蚀技术，在国外的应用历史已经超过 60 年，而对其耐久性的认识是随着实践经验的积累而加深的。在 20 世纪 70 年代末，国际上复合材料科学界普遍认为其可靠寿命在 30 年以上，因为欧洲战后建立的玻璃钢储罐已经有 30 余年的使用寿命，而时至现在都认同玻璃钢的设计寿命可以在 60 年以上，因为这些结构一直完好地应用至今。日本海港工程研究所已经把玻璃钢列入具有 50～100 年寿命的工程方案。在著名的美国 Pontchartrain 湖大桥（LPC 大桥）的 1987 年修复工程中，就是采用了纤维增强复合层（FRP）进行桩基修补，在 1996 年进行第二次修复时，专家们对多种修复方案进行比选，并对 1987 年的修补部位进行取芯试验，结果表明，1987 年的 FRP 修补不仅有效地阻止了破坏的发展，而且复合层与桩体的黏结抗拉强度超过了桩的本体抗拉强度，因此对东海大桥的桩基进行机械缠绕玻璃纤维增强复合包覆层的防腐蚀技术具有保障性。

中交上海港湾工程设计研究院于 20 世纪 80 年代初开始对此项技术进行研究，并于 1983 年在上海石化总厂化工码头中首次应用于钢管桩防腐蚀试验，为国内首创。1986—2001 年先后 7 次开包检测，未见任何锈蚀，如图 7-14 所示。1988 年，又与华东理工大学合作完成了"FRP 复合层在海水介质中的腐蚀特性"的课题研究，经过两年多的加速浸泡腐蚀、盐雾、介电特性、电子探针等试验与分析手段，综合评述了不同铺层、不同树脂的纤维复合材料

图 7-14 包覆层开包检测结果

在海水介质中的腐蚀特性，并从理论推算 2.5mm 以上复合层耐腐蚀寿命为 58.1 年。

玻璃钢的吸水过程是符合 Fick 扩散渗透定律的。

当只有单方向扩散时

$$\frac{\partial C}{\partial t} = \frac{\partial}{\partial x}\left(D\frac{\partial C}{\partial x}\right) \qquad (7-1)$$

式中　C——扩散介质浓度；

　　　t——扩散时间；

　　　$\dfrac{\partial C}{\partial t}$——由表面沿垂直表面方向上的浓度梯度；

　　　D——扩散系数。

当 D 与 C 无关时，即为理想扩散状态，即

$$\frac{\partial C}{\partial t} = D\frac{\partial^2 C}{\partial x^2} \qquad (7-2)$$

平板试样单面扩散的质量变化若为 M_t，且无限长时间后的饱和吸液量为 M_∞，则有

$$\frac{M_t}{M_\infty} = 1 - \frac{\delta}{\pi^2}\sum_{n=0}^{\infty}\frac{1}{(2n+1)^2}\exp\frac{D(2n+1)^2\pi^2 t}{2l^2} \qquad (7-3)$$

当 $M_t/M_\infty < 0.55$ 时，可近似地给出的解为

$$\frac{M_t}{M_\infty} = \frac{4}{\sqrt{\pi}}\left(\frac{Dt}{l^2}\right)^{\frac{1}{2}} \qquad (7-4)$$

当 $M_t/M_\infty > 0.55$ 时，近似有

$$\frac{M_t}{M_\infty} = 1 - \frac{8}{\pi^2}\exp\left\{\frac{\pi^2}{4}\frac{Dt}{l^2}\right\} \qquad (7-5)$$

苏联 Tikhomrova 等曾以 Fick 方程中的扩散系数 D 为变值，给出如下积分解，并用以推算塑料衬里的寿命

$$\frac{M_t}{M_\infty}=1-e^{-\pi^2 Dt/l^2} \tag{7-6}$$

$$t=\frac{-\ln\left(1-\frac{M_t}{M_\infty}\right)l^2}{\pi^2 D} \tag{7-7}$$

塑料衬里的寿命定义为 $M_t/M_\infty=0.999$。

实际上，经常遇到的扩散渗透应是长时间的过程，寿命问题是 $M_t\rightarrow M_\infty$ 的过程，这时的曲线斜率（即扩散系数 D）应小得多，此时应该用 $M_t/M_\infty>0.55$ 时的解，可仿照 Tikhomrova 的方法，定义 $M_t/M_\infty=0.99$，当扩散系数 D 已知时，即可预测寿命，变换式（7-7）得到

$$t=\frac{-4l^2\ln\left[\frac{\pi^2}{8}\left(1-\frac{M_t}{M_\infty}\right)\right]}{\pi^2 D} \tag{7-8}$$

根据试验求得在常温下海水中的 Cl^- 对含玻纤毡的玻璃钢的扩散系数约为

$D=0.92\times10^{-10}\,cm^2/s$

$t=\{-4l^2\ln[(\pi^2/8)(1-M_t/M_\infty)]\}/(D\pi^2)$

$=\{-4\times0.25^2\times\ln[(\pi^2/8)\times0.001]\}/(\pi^2\times0.92\times10^{-10})$

$=58.1(年)$

上面是根据扩散方程从理论上预测 2.5mm 的包覆层 FRP 能够坚持多长时间而不致使介质完全穿透包覆层。当然，这种推算只能是粗略的，还需做更多的论证。

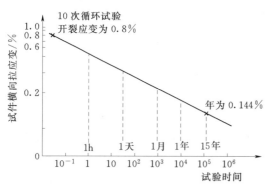

图 7-15　内表面开裂的试验时间与应变

作耐腐蚀玻璃钢设计时，按限定应变准则设计，FRP 的寿命与所受的应变相关，管桩包覆层不承受其他外载荷，只承受收缩应力。据计算这种收缩应力造成的应变是 0.02％，如果按图 7-15 进行寿命推测，那也是数百年之久了。

另外，根据工程实践进行类比推断寿命也是可以的。根据东京海港工程研究所的资料，他们已把 FRP 包覆列入具有 50～100 年寿命的工程方案。所以，我们有理由认为，东海风电二期钢管桩玻璃纤维复合包覆层完全能达到 30 年以上的防腐蚀寿命。

7.5　SL3000 风机塔架与基础的防腐涂漆技术

7.5.1　防腐涂层质量控制

风力发电机组暴露于腐蚀环境，根据 ISO 12944—2—1998《色漆和清漆——保护漆体系对钢结构的防腐保护　第 2 部分：环境分类》的要求，陆上机组塔筒的外表面属于腐

蚀等级 C5-M（海上区域）和 C5-I，内表面属于腐蚀等级 C4。根据 ISO 12944—1—1998《色漆和清漆——保护漆体系对钢结构的防腐保护　第 1 部分：总则》的要求塔筒的防腐保护等级为"长期"，有效寿命在 15 年以上，按照 ISO 4628—3《色漆和清漆　涂层老化的评定——缺陷的变化程度、数量和大小的规定　第 3 部分：生锈等级评定》标准腐蚀等级为 Ri3，腐蚀面积为 1%。

涂漆工作的执行和监督必须符合 ISO 12944—7—1998《色漆和清漆——保护漆体系对钢结构的防腐保护　第 7 部分：涂装工作的实施和监督》的要求，必须由一家有资质的专业公司进行操作并严格满足涂层系统供货厂家技术产品参数表给出的要求。

原则上适用防腐涂层系统制造厂的技术产品参数表，任何与其规定有偏差的要事先获得油漆供货厂家的书面批准，并且使用的油漆要得到用户的许可。在涂漆工作完成后，交货前，必须将质量记录文件提供给用户。

涂漆只能使用圆刷或者采用无气喷涂法，不允许使用滚刷。按照 ISO 12944—7—1998《色漆和清漆——保护漆体系对钢结构的防腐保护　第 7 部分：涂装工作的实施和监督》的要求，如果部件的表面温度低于环境空气的露点 3℃ 以上，绝对不能涂漆；海上风力发电机组塔架至少在露点以上 5℃ 方可涂漆；相对湿度绝对不能超过 80%；如果要涂漆的部件表面温度在 35℃ 以上，涂漆之前必须咨询油漆专家；必须遵守制造厂给出的涂漆各层之间的最短和最长间隔时间；决不能高于或低于油漆供货厂家规定的部件表面和环境空气的最低和最高温度值。

涂漆工作必须在一个独立的喷漆房里进行。涂漆前对油污、铁锈、焊接飞溅等影响油漆质量的杂物予以清除干净。采用无气喷涂，不允许有涂漆过量，外观应无流挂、漏刷、针孔、气泡，薄厚应均匀、颜色一致、平整光亮，并符合规定的色调，且每一层漆膜厚度必须进行检验并形成记录。

涂漆工艺过程必须进行如下检查：

（1）干漆膜厚度（磁感应法）检查。一点的读数应当是距其 26mm 范围内其他三点的平均值。膜厚的分布根据"80-20"原则测量，即所测干膜点数的 80% 应当不小于规定膜厚，剩余 20% 的点数的膜厚应不低于规定膜厚的 80%。施工中，应该按照 ISO 2808《色漆和清漆——漆膜厚度的测定》标准，每 3m² 进行一次测量，并做施工检查记录，每台塔架涂装完毕后以报告形式提供给用户。

（2）根据 ISO 4624—2002《色漆和清漆——粘附力拉脱试验》要求或者 ISO 2409—2013《色漆和清漆——交叉切割试验》，进行附着力试验。在 0～5 的比例上合格等级为"0"或者"1"。每种类型的表面都必须在试件上进行试验，这些试件必须打砂清理并且和部件一起涂漆。样本的一侧应该用外部油漆系统来上漆，另一侧应该用内部油漆系统来上漆。

（3）人工老化试验。主要包括水冷凝试验和盐雾试验。

水冷凝试验根据标准 ISO 6270《色漆和清漆——耐湿测定》和表 7-11 进行。

盐雾试验依照标准 ISO 7253《色漆和清漆——耐中性盐雾性能测试》和表 7-12 进行。

人工老化试验完成之后，应该根据 ISO 4628《色漆和清漆》中的技术要求进行试验评估，油漆层的退化剥落评估，共同缺陷的尺寸、数量、密度的标识。

（4）视觉检查。视觉检查内容包括颜色和光泽、流挂、加工损伤、气孔、剥落、裂纹等。

表 7 - 11　SL3000 风力发电机组油漆系统的水冷凝试验标准

油漆系统	ISO 6270（水冷凝）
外部	480H
内部	480H

表 7 - 12　SL3000 风力发电机组油漆系统的盐雾试验标准

油漆系统	ISO 7253（中性盐雾）
外部	6000H
内部	1000H

（5）光泽度的测试。光泽度测试应该按照 ISO 2813—1994《色漆和清漆——非金属漆膜镜面在 20℃、60℃和 85℃时光泽的测定》标准进行，光线的入射角应该为 60°，并且要在图纸中示出。

7.5.2　涂漆前表面准备

根据 ISO 12944—4《色漆和清漆——保护漆体系对钢结构的防腐保护　第 4 部分：表面和表面预处理类型》的规定进行涂漆部件的表面准备工作。在开始涂漆工作之前，表面必须正确准备，并在表面准备好后立即涂第一层。

（1）准备工艺。全部机械准备工作（去飞边毛刺，边缘倒角等）必须在喷抛清理之前完成。如果没有其他特殊要求，必须清除所有的飞溅和焊渣。所有的表面必须打砂清理干净，同时焊缝必须以正确的方式准备，并按照规范要求进行涂漆。

（2）准备步骤，打砂清理和粗糙度。必须使用适当的溶剂或者清洁材料除去残余的油、脂或者含有硅酮的物质，盐、灰尘和其他污染物必须用高压清洁剂和清水去除。喷砂除锈等级应达到 ISO 8501—1—1988《涂装油漆及有关产品前钢材预处理——表面清洁度的目视评定》的 Sa3 级；对于分段相接处和喷砂不能达到的部位，采用动力工具机械打磨除锈，达到 ISO 8501—1—1988 中的 St3 级，露出金属光泽，涂漆表面必须达到 Sa3 的处理等级，平均粗糙度要达到 Rugotest No. 3 的 BN11b。必须使用 ISO 12944—4《色漆和清漆——保护漆体系对钢结构的防腐保护　第 4 部分：表面和表面预处理类型》、ISO 8501—1《涂装油漆及有关产品前钢材预处理——表面清洁度的目视评定》、ISO 8503—1《涂装油漆及有关产品前钢材预处理——磨料喷射清理表面粗糙特性　第 1 部分：ISO 评定比较样板的规范和定义》和 ISO 8503—2《涂装油漆及有关产品前钢材预处理——磨料喷射清理表面粗糙特性　第 2 部分：磨料喷射清理表面的粗糙度定级　比较方法》规定的锐边金属喷丸"介质（G）"进行清理，表面粗糙度 Rz 必须至少为 $85\mu m$。或者采用国家标准处理：喷砂所用的磨料应符合 YB/T 5149—1993《铸钢丸》、YB/T 5150—1993《铸钢砂》的标准规定，建议使用钢砂、钢丸。金属砂最好是棱角砂与钢丸混合使用，混合比例为 3∶7，棱角砂的规格为 G25、G40，钢丸的规格为 S330，可以用非金属磨料，但不允许用海砂、河砂，建议使用铜矿砂或金刚砂，粒度为 16～30 目，磨料硬度必须在 40～50Rc 之间。

完成打砂清理后，必须除去所有的打砂残留物并从打砂表面上彻底除去灰尘。

（3）预涂和喷漆。首先用圆刷子对边、角、焊缝进行刷涂，以及使用无气喷涂难以接近的部位进行预涂，然后采用无气喷涂进行施涂。

7.5.3　防腐涂层系统

（1）塔架和基础段涂层。塔架和基础段的防腐涂层系统根据所处的位置和环境特征来选择，分别见表7-13和表7-14。

表 7 - 13　塔 架 内 部 涂 层 系 统

防　腐　涂　层		涂漆材料（产品）	涂层厚度/μm	推荐色调
底漆（GB）	环氧富锌底漆（EP）	Hempadur 锌 17360，17340	NDFT 60	
中间漆（ZB）	环氧厚浆漆（EP）	Hempadur 47200，47140，45880	NDFT 120	
面漆（DB）		Hempadur 55210/4	NDFT 60	RAL 9010
		总干膜厚度最小值	NDFT 240	

表 7 - 14　塔 架 外 部 涂 层 系 统

防　腐　涂　层		涂漆材料（产品）	涂层厚度/μm	推荐色调
海上		吃水线以上并暴露在外部的所有区域		
底漆（GB）	环氧富锌底漆（EP）	Hempadur 锌 17360	NDFT 60	
中间漆（ZB）	环氧厚浆漆（EP）	Hempadur 47200，47140	NDFT 200	
面漆（DB）	聚氨酯面漆 PUR）	Hempathane 55210，55610	NDFT 60	RAL 9010
		总膜干厚度最小值	NDFT 320	
海上		基础段结构，永久浸泡在海水里的区域，包括吃水线以上的浪溅区		
方案 1	Epoxy coat（EP）	Hempadur 45751/3	NDFT 3×200	
	此环氧漆与电流阴极保护相兼容	总膜干厚度最小值	600	
方案 2	Epoxy coat（EP）	Hempadur 35870，45540	NDFT 2×500	
	此环氧漆与电流阴极保护相兼容	总膜干厚度最小值	1000	

（2）法兰防腐。塔架法兰面和通孔执行标准 GB/T 9793—2012《热喷涂金属和其他无机覆盖层　锌、铝及其合金》进行热喷涂锌防腐。喷涂用的金属材料应符合 GB/T 470—1997《锌锭》中规定的锌的含量（≥99.99%），喷涂前法兰上下表面必须进行喷砂除锈，至少达到 GB/T 8923—1988《涂装前钢材表面锈蚀等级和除锈等级》之 3.2.3 条 Sa2.5 除锈等级（喷砂除锈要求按照第 3 节要求），锌层厚度（140±20)μm。

法兰孔热喷锌或者刷塔筒环氧富锌底漆干膜厚度为 80～100μm。

塔架法兰的倒角必须做与塔架壁相同的油漆涂层。

（3）塔架附件。塔架平台、门、直爬梯（铝合金除外）、电缆支架及入口梯子采用热浸锌防腐，锌层厚度至少为 100μm。组装的平台应拆开分别防腐，其余可拆卸附件（梯架支撑、门挂钩、接地板等）采用热浸锌处理，与塔架焊接在一起的附件允许与筒体一起进行打砂涂漆防腐。焊接避雷螺柱必须热喷锌，锌层厚度（120±20)μm；表面不允许有涂层（涂漆时采取保护措施）。

7.5.4　运输、搬运和存储

塔架、基础环部件必须根据具体情况，以合适的方法运输、搬运和存储。除非是批准的吊点，否则不允许在涂漆表面上用吊具、装载和运输辅助装置（带、链、绳或类似的材料）。基础环必须存放在一个遮盖并且通风良好的地方，并且至少离开地板或者地面 150mm 以上存放；部件必须在施加的涂层系统硬化后才能发往用户；必须遵守所有法定的运输和装卸安全规定。

7.6　如东海上示范风电场风机基础防腐方案分析

7.6.1　项目背景

龙源江苏如东 150MW 海上（潮间带）示范风电场项目在黄海南部如东海域潮间带建设 58 台风电机组，总装机容量为 150MW，是全国规模最大的海上风电场。江苏省如东县海岸线濒临南黄海，西起老坝港，东至遥望港，全长约 100km，沿岸滩涂总面积约占全省滩涂面积的 1/7，其近海风力资源丰富。根据江苏省如东县近海及潮间带风电场总体规划，2015 年，如东近海及潮间带拟建设大型风电场，风电总装机容量 700MW，其中近海 300MW、潮间带 400MW，到 2020 年，总装机容量 1450MW，其中近海 800MW、潮间带 650MW。该风电场具有风轮直径最大、机头重量最轻、单机容量最高等优势。

7.6.2　防腐方案

如东海上示范风电场风机基础所采用的防腐涂装体系见表 7-15，风机基础的海泥区部分直接采用阴极保护的方法；全浸区部分采用的是重防腐涂装结合阴极保护同时预留腐蚀裕量的方法。浪溅区和潮汐区的外表面部分采用的是三层重防腐复合涂装同时预留腐蚀裕量的方法；海洋大气区采用重防腐涂装。

表 7-15　风机基础的系统涂装体系

适用条件	涂层范围/方式	第一道涂层	第二道涂层	第三道涂层	阴极保护方式	预留腐蚀裕量
海泥区	—	—	—	—	外加电流阴极保护或牺牲阳极阴极保护	—
全浸区	方式一	—	—	—		预留一定腐蚀裕量
	方式二	海工重防腐涂层 300~600μm				
浪溅区和潮汐区	外表面	海工重防腐涂层 400~600μm	海工重防腐涂层 400~600μm	脂肪族聚氨酯面漆 60μm		
	内表面（与海水封闭隔绝）	海工重防腐涂层 300μm		—		
	内表面（透水）	海工重防腐涂层 300~400μm	海工重防腐涂层 300~400μm			
海洋大气区（C5-M）	外表面	海工重防腐涂层 300~500μm		脂肪族聚氨酯面漆 60μm	—	—
	内表面	海工重防腐涂层 300μm				

注　方式一为阴极保护＋腐蚀余量；方式二为重防腐涂层＋阴极保护＋腐蚀余量。

7.6.3 阴极保护方法分析

1. 牺牲阳极阴极保护

荷兰 Q7 风电场风机基础的水下部分采用锌合金牺牲阳极阴极保护。美国鳕鱼岬海上风电场的风机采用单桩基础，下部结构和塔架均为钢管，塔架和下部结构采取涂料保护，桩表面裸露，采取铝合金牺牲阳极阴极保护。

牺牲阳极阴极保护的原理是利用不同金属的电位差异，为受保护的金属提供电子，使被保护金属整体处于电子过剩的状态，金属表面各点电位降低到同一负电位，使金属表面各点之间不再有电位差，不再有电子的流动，金属原子不再失去电子而变成离子溶入溶液，最终达到减缓腐蚀的目的。由于在实现阴极保护过程中，较活泼的金属被腐蚀，所以，被称为牺牲阳极阴极保护。该技术具有如下特点：

（1）该方式简便易行，不需要外加电流，很少产生腐蚀干扰，广泛应用于保护小型（电流一般小于 1A）或处于低土壤电阻率环境下（土壤电阻率小于 50Ω·m）的金属结构，一般适用于土壤电阻率在 20Ω·m 左右的环境。

（2）需要对一个结构的特定区域提供局部阴极保护。可以在泄露修复的地方安装牺牲阳极，而不是安装一个完整的阴极保护系统。对于裸露金属或具有非常差的涂层的结构，若采用全面的阴极保护可能会由于费用的原因而变得不可行。

（3）对于已经施加了外加电流阴极保护的结构，可能存在一些孤立部位，这些孤立部位需要施加相对较小的附加电流，用牺牲阳极可以满足其需要。典型的应用包括：①埋地管道上防腐层很差或根本没有防腐层的阀门；②短套管或覆盖层受到严重破坏的部位；③发生电屏蔽的区域削弱了来自远方外加电流系统的有效电流；④如果在适宜的环境下发生了阳极干扰，牺牲阳极可以用于管线的泄流点上，使流入管道的干扰电流返回干扰电流源。

（4）对于埋地结构众多且复杂的区域，采用外加电流阴极保护而又不对与其相近的结构物产生干扰是非常困难的，对于这种环境下的结构，牺牲阳极法则是比较经济的选择。

（5）牺牲阳极被广泛应用于交换器的内壁和其他容器的内壁的保护，防护效果取决于内衬的质量、介质的流动和温度。

（6）近海结构物，可用大的牺牲阳极保护水下构件。

2. 外加电流阴极保护

英国的 Burbo Bank 海上风电场的风电机组采用单桩基础，基础的水下部分采用阴极保护的防腐方法。美国专利 7230347 B2"海洋环境风机的腐蚀保护"公布了一种用于海上风电场支撑结构的外加电流阴极保护系统。该专利认为，无论从安全还是环境角度考虑，或是在环境条件变化较大的海域中，外加电流阴极保护要比牺牲阳极保护更具优越性，其原因主要如下：

（1）如果牺牲阳极被掩埋，或在潮位变化较大、海水流速较大、海水盐度变化较大的环境中，牺牲阳极保护效果就会变差，如出现牺牲阳极过早消耗、结构物欠保护等现象。

（2）牺牲阳极焊接在支撑结构上时，对支撑结构的强度要求增加。

（3）在多风的海域，施工季节很短，牺牲阳极可能无法及时安装完毕，导致支撑结构或基础在建造初期发生腐蚀。

（4）牺牲阳极在溶解过程中会向环境中释放某些有害的微量元素，某些环境保护人士和政府团体担心会因此对环境造成影响。

（5）牺牲阳极在生产制造过程中，消耗大量的能源，增加了工程成本，同时施工工作量增加。

参 考 文 献

［1］　陈振千．加大力度积极发展上海风力发电［J］．能源技术，2006，27（6）：256.

［2］　阎光灿．世界长输天然气管道综述［J］．天然气与石油，2000，18（3）：9-19.

［3］　SY/T 0315—97 钢质管道熔结环氧粉末外涂层技术标准［S］．北京：石油工业出版社，1997.

［4］　郑小霞，叶聪杰，符杨．海上风电场运行维护的研究与发展［J］．电网与清洁能源，2012，28（11）：90-94.

［5］　张超然，李靖，刘星．海上风电场建设重大工程问题探讨［J］．中国工程科学，2010，12（11）：10-15.

［6］　刘悦，时志刚，胡颖，张婷．海上风电技术特性对比分析［J］．船舶工程，2012，34（1）：95-99.

［7］　邓院昌，王铁强．海上风电场建设的现状分析与经验教训［J］//第十三届中国海洋（岸）工程学术讨论会论文集．北京：海洋出版社，2007：149-153.

［8］　中交上海港湾工程设计研究院有限公司，上海申航基础工程有限公司．东海风电二期钢管桩玻璃纤维复合包覆技术方案［R］．2011.

［9］　韦云汉，芦金柱．深海环境碳钢的腐蚀与防护［J］．全面腐蚀控制，2012，26（3）：1-4，23.

［10］　杜中强，张伟福，李云龙，等．熔结环氧粉末外涂层技术在海底管线中的应用［J］．钢管，2011，40（5）：54-56.

［11］　乐治济，林毅峰．海上风机基础钢结构防腐蚀设计［J］．中国港湾建设，2013，187（4）：18-22.

［12］　吴三余，赵大林．码头管桩包覆纤维增强复合层应用实例［J］//上海市水利学会，上海市水利学会第十一届学术年会论文集［C］，2013：123-126.

［13］　高宏飙，诸浩君，钱正宏，等．海上风机单桩基础浪溅区腐蚀及复层包覆防护技术的应用［J］．中国港湾建设，2014（5）：57-61.

第8章　海上风电场防腐系统的发展及展望

海上风能资源是一种清洁的永续能源，在各国政策的积极支持下，海上风电技术的提高和风电开发成本的下降促使海上风电规模化发展，海上风能将得到更深入、更大范围的开发和利用。对于海上风机而言，最大的问题在于抗腐蚀、抗盐雾以及海上输配电。继陆上风电和沿海风电之后，海上风电对防腐技术提出了更新更高的要求。尽管各国在相似领域已有了成功的重防腐经验，但是海上风电毕竟有自己独有的防腐要求。对海上风电机组的防腐，不仅在结构（零部件）材质、涂层系统的选择上，而且在防腐施工和质量监控方面，比陆上风电和沿海风电更为严苛。与陆上风电场相比，海上风电场运行环境更复杂，技术要求更高，施工难度更大，加紧研发海上风电设备防腐蚀新技术已成为当务之急。海上风电机组所处环境恶劣，所需防腐蚀技术比较复杂，需要分部分、有针对性地开展研究。我国在推动风电行业快速发展的同时，也要着重研究和提高风电机组的腐蚀防护技术，努力将风电机组的防腐蚀技术提高到一个新的水平。本章简要总结了国内外海上风电场防腐系统的发展，探讨了我国发展海上风电所面临的防腐问题与对策，旨在为未来大型海上风电场建设提供借鉴。

8.1　防腐涂料系统的发展

8.1.1　防腐涂料的应用现状及问题

涂料保护是保证海上风电装备 20 余年防护寿命的一个重要环节。海上风电涂料主要包括用于风电机组零部件的防腐涂料和用于风电机组叶片的保护涂料，塔架底座、轮毂、轴承、机舱罩、整流罩以及其他电气设备同样也需要涂料的防护。按防腐对象材质和腐蚀机理的不同，海洋防腐涂料可分为海洋钢结构防腐涂料和非钢结构防腐涂料。当前，水性海洋混凝土防腐涂料高固体分和无溶剂海洋混凝土防腐涂料以及超厚膜耐久性等高性能海洋混凝土防腐涂料的开发颇受关注。

由于海上风电系统长期暴露在恶劣环境中，作为风电装置保护伞的防腐涂料，其必须具备干燥速度快、耐风砂冲击、耐潮湿、漆膜强度硬、耐候、耐腐蚀等特殊功能。海上风电场防腐保护中的涂料选择一般与陆地风电场相似，主要的区别在于漆膜厚度以及涂层道数。

由于缺乏统一的风电行业涂料的现行标准，为实现有效的防护，需要在其结构设计、表面处理、油漆系统、环境条件、健康与安全等环节进行控制。成功的海上风电场涂层系统，取决于高质量的涂装工作。首先，结构设计应考虑到易于进行表面处理、油漆涂装、涂层检测和防腐维修。其次，据统计，高达 75％ 的早期涂料缺陷是完全或部分由表面处

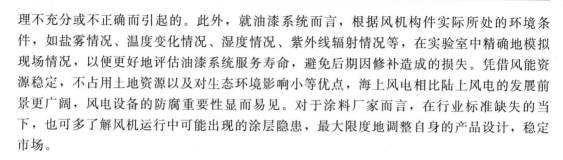

理不充分或不正确而引起的。此外，就油漆系统而言，根据风机构件实际所处的环境条件，如盐雾情况、温度变化情况、湿度情况、紫外线辐射情况等，在实验室中精确地模拟现场情况，以便更好地评估油漆系统服务寿命，避免后期因修补造成的损失。凭借风能资源稳定，不占用土地资源以及对生态环境影响小等优点，海上风电相比陆上风电的发展前景更广阔，风电设备的防腐重要性显而易见。对于涂料厂家而言，在行业标准缺失的当下，也可多了解风机运行中可能出现的涂层隐患，最大限度地调整自身的产品设计，稳定市场。

8.1.2　海洋防腐涂料研发重点

海洋防腐涂料的开发具有研制周期长、投资大、技术难度高且风险大的特点，因此，国外海洋防腐涂料研发主要集中在实力雄厚的大公司或靠政府支持的部门。例如英国的国际油漆公司（IP）、丹麦的 Hempel、荷兰的 Sigma、挪威的 Jotun 及日本关西涂料等大型公司及美国、英国等的海军部门均有上百年的相关涂料开发历史，在涂料生产供应、质量监督、涂装规范及涂装现场管理等方面形成了一整套十分严格和严密的体系。目前这些公司的产品占据了我国海洋防腐涂料的主要市场。我国海洋防腐、防污涂料的开发从"四一八"船舶涂料攻关起步至今，已经开发出一些海洋防腐、防污涂料的品种，主要集中在青岛、上海、大连、天津、常州、广州及厦门等地。近年来，虽然建立了"中国船舶工业船舶涂料厦门检测站""海洋涂料产品质量监督中心"等质量管理监督机构，但整体技术水平仍落后于先进国家。

自 20 世纪 90 年代初，国际油漆公司（IP）落户上海后，世界其他主要涂料跨国公司纷纷登陆中国。据权威机构预测，近些年海洋油气钻井设备保护涂料需求将有较高增速，预计亚洲需求增速最大，同时由于全球 80%～90% 的船舶和集装箱生产在亚洲完成，亚洲特别是我国的防腐涂料市场将出现快速增长。作为涂料市场重要组成部分的海洋防腐涂料也快速发展着，并将在船舶和集装箱制造业以及跨海大桥、海上石油平台和沿海港口兴建等因素的推动下，保持每年 30% 以上的增长速度。我国的涂料防腐过去是以防锈、耐油、耐温为主，专用性较强。随着防腐技术的发展，海洋防腐涂料因其施工方便，着色性好，适应性强，不受设备结构、形状的限制，重涂和修复方便，费用低，可与其他防腐措施配合使用等多种新特性已经引起了人们更多的重视，我国海洋防腐涂料正朝着绿色环保、节约资源、高性能的趋势发展。

发展节能环保型的高性能涂料将会是海洋防腐涂料的研发趋势。目前，国内外海洋重防腐涂料的研发主要侧重在以下方面：

（1）长寿命。由于越来越多的超大型钢结构（如海上风电支撑机构）及所处海域特点不具备直接重涂或返岸施工的条件，因此要求开发具有超长使用寿命的海洋防腐涂料，最理想的是涂层使用寿命（包括现场直接涂装维修后的延续使用寿命）等同于钢结构设备的使用寿命，即涂层与设备同寿命设计，使用中只需进行少量维修，免重涂。

比利时的涂膜镀锌属于有机类高富锌涂料，干膜中的金属锌含量达 96%，在挪威奥斯陆沿海海洋大气环境中，涂覆在钢桥上膜厚 $120\mu m$ 的单一锌加涂层，15 年后实测每年的涂层平均损耗仅为 $1\mu m$。

无机富锌涂料应用最为典型的成功案例是澳大利亚 Morganwyalla，长达 250km 的油管工程，其防腐采用了单层水性无机富锌涂层，历经 50 余年仍保持着良好状态，无腐蚀发生。美国埃克森（EXXON）公司在琉球岛建设的炼油厂采用单层硅酸锌防腐涂层，历经 15 年后仅需小部分涂层修补，补后又经 4 年完好无锈。

（2）水性化。美国从 20 世纪 60 年代开始推广使用水性涂料，主要的推动原因是美国法律明确规定截至 2000 年以前要减少 30％挥发性有机化合物（VOC）的使用，水性涂料不仅不易燃、毒性低，而且易于使用。水性环氧树脂是一种环境友好型产品，无VOC 或低 VOC，而且施工操作简单。对设备要求低，可用水直接冲洗，黏结性和渗透性能优异，固化时对环境、材料的表面处理要求低。涂料水性化，对节能减排、发展低碳经济、保护环境及可持续发展都有重要意义。目前，水性涂料的研发主要在水性无机富锌、水性环氧、水性丙烯酸、水性氟碳体系等领域。其中水性丙烯酸、水性环氧、水性无机富锌涂料品种的工业化应用在一定程度上已取得成功。日本旭硝子公司研究出新型低 VOC 水性 FEVE 共聚物，其耐候性、耐水性、耐溶剂性及光泽均可与溶剂型氟碳漆媲美。2008 年 3 月，在由美国腐蚀工程师协会（NACE）举办的防腐研讨会上，挪威 Hydro 石油能源公司对水性涂料按照 NORS - KOK M - 501 进行了测试和评估，其结果显示了水性涂料在远洋环境下对新建设施的涂装和修补领域具有令人鼓舞的应用前景。

（3）低表面处理。由于涂装前处理费用会占到总涂装成本的 60％，因此低表面处理涂料已成为防腐涂料的重要研究方向之一，主要包括可带锈、带湿涂装的涂料，以及可直接涂覆在其他种类旧涂层表面的涂料。这类涂料主要是环氧类，它们具有在潮湿带锈钢材表面上直接涂装的功能，有超强的附着力，VOC 含量小于 340g/L，一次无气喷涂膜厚可达 200μm 以上，施工性能优良。

（4）高固体分、无溶剂。体积固含量在 70％以上为高固体分涂料，固含量为 100％的为无溶剂涂料。由于少用甚至不用有机溶剂，从而可使高固体分涂料减少 VOC 排放，符合环保要求，且一次施工即可获得所需膜厚，减少了施工道数，节省了重涂时间，提高了工作效率。由于无溶剂挥发降低了涂层的孔隙率，从而提高了涂层的抗渗能力和耐腐蚀能力。

（5）环保型新材料。环保型新材料主要是采用低毒、无毒的材料，如以复合磷酸盐防锈颜料代替有毒、有污染的红丹、铬酸盐等防锈颜料，严格控制颜料中铅、镉、铬、汞、砷等重金属的含量。美国能源部布罗卡温实验室以谷物、螃蟹壳、龙虾壳为原料研制出一种生物重防腐涂料，在适当的温度条件下，该涂料变得坚固、光滑，能紧密黏附在铝或其他金属表面防止金属的腐蚀。

（6）聚脲弹性体。聚脲涂层是近年来兴起的无溶剂、无污染的高性能重防腐涂料，简称 SPUA。SPUA 为双组分、100％固含量，固化速度快，对湿度、温度不敏感，对环境友好，且施工时不受环境湿度影响；固化后涂膜弹性及强度、耐候性、热稳定性优异，户外长期使用不开裂、不脱落，对钢铁附着力好，具有优异的耐腐蚀性能。但 SPUA 对被涂基材的表面处理要求极为严格，钢材要进行彻底的喷砂，处理后必须马上涂装。美国和我国台湾地区已将其应用在海工结构物的防腐蚀中，尤其是海上平台钢结构在浪溅区的涂装。聚脲主要有芳香族聚脲、脂肪族聚脲和聚天门冬氨酸酯脂肪族聚脲。

总而言之，我国海洋防腐涂料的生产企业应加强新产品的研制，关注高耐候性配套涂料体系的开发、高效低毒防腐涂料的开发及海洋防腐涂料环保化等。海洋防腐涂料的设计开发必须从海洋腐蚀的特点和海洋防腐的机理出发，并针对不同的使用环境和要求选用合适的防腐涂料品种。我国海洋防腐涂料正朝着绿色环保、节约资源、高性能防腐涂料的趋势发展，作为我国 21 世纪海洋发展战略保驾护航的重要力量之一，海洋涂料必将迎来巨大的市场发展空间。

8.1.3　新型 ECO‐ZA 系列重防腐涂料

随着人类对环保和节能问题的日益关注，在重防腐领域广泛应用的达克罗涂层由于含有有毒的 Cr^{6+} 而遭限制。尽管国外已成功开发出 GEOMET 等无铬锌铝涂层技术，但由于技术保密及进口价格等问题而难以在国内推广，自行研制性价比优异的无铬锌铝涂层，是推进国内重防腐涂料技术发展及其应用的关键所在。

研究人员以硅酸盐取代有毒的铬酐黏结剂，以鳞片状锌粉和鳞片状铝粉为填料配制了新型绿色防腐涂料 ECO‐ZA。为获得优异的涂装效果及涂层综合性能，重点研究了硅酸盐黏结剂的改性工艺，并通过单因素变化试验优化了改性涂料中鳞片状锌粉、铝粉的含量；基于涂层综合性能评价及防腐机理分析，优选了 ECO‐ZA 的涂装工艺，并测试了该涂料的配套使用效果。

ECO‐ZA 涂料为自固化型水性锌基涂料，其优选组分为改性硅酸钾黏结剂、鳞片状锌铝复合颜料及适量的涂料助剂。其中，鳞片状锌粉、鳞片状铝粉的配合比为 85∶15，加入量为 25wt% 左右。用作改性黏结剂的硅酸钾溶液，最佳模数为 5，浓度为 25wt%～30wt%。改性硅酸钾溶液对鳞片状锌粉和铝粉分散性好，只需 20min 即可分散均匀。改性后涂层的黏结强度达到 0 级，经 313K 蒸馏水浸泡 240h 的耐水性试验后涂层黏结强度不下降，经 423K 蒸馏水浸泡 3h 的耐高温性试验后涂层完好，无变色起皮、皱皮、鼓泡、开裂、斑点等现象，阴极保护作用试验 96h 后涂层完好，可耐盐雾 1200h 无生锈现象。与未改性涂层相比，改性涂层的耐酸性提高 1 倍，自腐蚀电位提高约 100mV。利用一次浸涂法经 18min 表干、5h 实干后，可获得厚约 57μm 的银灰色有光泽涂层，其综合性能满足无铬锌铝涂层的要求。涂层黏结强度达到划格试验等级的前两级，试验后涂层。

ECO‐ZA 涂层防腐机理为锌和铝的阴极保护作用、改性黏结剂和腐蚀产物的屏蔽作用和鳞片状颜料层状叠加产生的迷宫效应等。ECO‐ZA 涂层的配套性佳，可作为底漆与中间漆、面漆形成三层防腐体系，或直接与面漆配合形成两层涂层体系，均能起到很好的耐酸、耐碱、耐高温及阴极保护作用。

ECO‐ZA 涂料的最大特点是用硅丙乳液改性的硅酸钾溶液取代达克罗涂层中铬酐黏结剂，黏结剂对涂料性质和涂层性能，以及涂层的成膜和防腐机理有很大的影响。ECO‐ZA 涂料在涂液成分、施工性能、涂层性能及成膜和防腐机理等方面与当前广为应用的达克罗涂料相比，既有相似之处，也有自身的特点。

涂料组分是涂料施工性和涂层性能的决定因素，ECO‐ZA 涂液和达克罗涂液主要成分的比较见表 8‐1。从表 8‐1 中可看出，ECO‐ZA 涂料的黏结剂为有机乳液改性的硅酸钾溶液，溶剂为水，属于水性环保型涂料；而达克罗涂料的黏结剂为铬酐，含有毒的 Cr^{6+} 和 Cr^{3+}，对人体和环境造成危害，且达克罗涂料中需要醇类或酸类还原剂来促成涂膜固化，其挥发到空气中，将导致环境污染、浪费资源。ECO-ZA 涂料中黏结剂本身具有黏稠性，无需添加额外的增稠剂；而达克罗涂料中铬酐无黏性，需要额外添加特殊的增稠剂，提高涂料的施工性能。

表 8-1　ECO-ZA 涂液和达克罗涂液的主要成分

组分	ECO-ZA 涂液	达克罗涂液
黏结剂	有机乳液改性硅酸钾溶液	铬酐
颜料	鳞片状锌粉和鳞片状铝粉	鳞片状锌粉和鳞片状铝粉
溶剂	水	醇类或酸类还原剂
增稠剂	无	聚醇类物质
其他涂料助剂	消泡剂、成膜助剂等	消泡剂、流平剂、分散剂等

ECO-ZA 涂料和达克罗涂料的施工性能差异比较见表 8-2。从表 8-2 中可以看出，ECO-ZA 涂料的部分施工性能优于达克罗涂料。一般情况下，两种涂料都是双组分包装，现配现用，且都可采用刷涂和喷涂的方式制备，形成平整均匀的涂层。ECO-ZA 涂层常温下，18min 表干、5h 实干；而达克罗涂层需要在温度 353～363K 预烘 20～25min 后在 573K 烧结 20～40min 干燥。可见 ECO-ZA 涂层可节约能源，并提高生产效率。ECO-ZA 涂料单次涂覆即可获得厚 57μm 的涂层；达克罗涂层单次涂覆厚 2μm，因此达克罗涂层需通过 1～3 次涂覆才能获得较厚涂层。

表 8-2　ECO-ZA 涂料和达克罗涂料的施工性能

施工性能	ECO-ZA 涂液	达克罗涂液
施工性	可刷涂和喷涂	可刷涂和喷涂
干燥方式	常温 18min 表干，5h 实干	353～363K 预烘 20～25min 573K 烧结 20～40min
单位面积涂覆量/(mg·dm⁻²)	2000	70～300
流挂性	涂膜平整均匀	涂膜平整均匀
涂膜厚度/μm	57	2～8.6
涂装次数/次	1	1～3
使用方式	双组分现配现用	双组分现配现用

将 ECO-ZA 涂层和达克罗涂层的外观进行比较，如图 8-1 和图 8-2 所示。图 8-1 所示的螺栓表面已被达克罗涂料处理，由图可知由于受到碰撞螺栓表面的涂层有部分脱落现象。从图 8-2 可知，螺栓表面的达克罗涂层较薄，抗冲击性差，容易脱落；而 ECO-ZA 涂层表面更加均匀、平整与光亮，且无脱落现象。ECO-ZA 涂层厚约 57μm，结合了有机涂层和无机涂层的优点，硬度和韧性都较好，从而抗冲击性好。

涂层具有较强附着性是其他性能得以实现的重要前提。通过测试涂层的附着性发现，ECO-ZA 涂层的黏结强度等级为 0～1 级，而达克罗涂层的黏结强度等级为 1～2 级，

ECO－ZA 涂层具有更佳的黏结性。比较 ECO－ZA 涂层和达克罗涂层的耐水性、耐高温性、阴极保护作用和耐盐雾性，结果见表 8－3。

图 8－1　达克罗涂层处理的螺栓

图 8－2　两种涂层的外观形貌
1—达克罗涂层；2—ECO－ZA 涂层

表 8－3　ECO－ZA 涂层和达克罗涂层耐蚀性

测试项目	ECO－ZA 涂层	达克罗涂层
耐水性	合格	合格
耐高温性	完好	完好
阴极保护作用	96h 完好	96h 完好
耐盐雾性/h	1200～2000	500～1000

从表 8－3 可以看出，ECO－ZA 涂层耐水性、耐高温性、阴极保护作用和耐盐雾性均达到甚至超出达克罗涂层的要求，具体表现为：在温度为 313K 的蒸馏水中浸泡 240h 后，ECO－ZA 涂层黏结性不下降；经温度为 423K 的高温炉中烘烤 3h 后，涂层完好；进行阴极保护作用试验 96h 后，涂层缝隙处完好；另外涂层耐盐雾性达到 1200～2000h。但是，当 ECO－ZA 涂层达到上述性能时，涂层单位面积涂覆量为 2000mg/dm²，以涂料密度 3.5g/cm³ 粗略估算厚约 57μm，比达克罗涂层要厚。根据达克罗涂层使用规定，涂层单位面积涂覆量最大为 300mg/dm²，厚度约为 8.6μm。薄涂层为了满足某些零件的配合作用，如螺丝和螺母，厚度要求必须在公差范围内。但在其他构件上使用时，涂层厚度稍厚，不影响构件性能的发挥，相反有利于增强构件的耐蚀性，延长构件寿命。所以自行研制的 ECO－ZA 防腐涂层，可以取代达克罗涂层的某些用途，且能发挥更好的综合性能，同时达到环保节能的目的。

在 ECO－ZA 涂料中的成膜物质主要为硅酸钾溶液无机成膜物和硅丙乳液有机成膜物。以硅酸钾为主的无机成膜物构成涂膜的主要部分，它包裹着颜料构成无机相。在碱金属硅酸钾水溶液中，硅酸钾呈胶体分散于水中，而胶粒周围可吸附很多活性的羟基（—OH），形成大量的硅醇键，并发生多价金属取代反应和硅醇聚合反应。一般情况下，模数（m）的大小决定了溶液中－OH数量的多少。

高模数硅酸钾溶液中的羟基和锌粉之间发生反应，形成硅酸锌聚合物，化学反应如下：

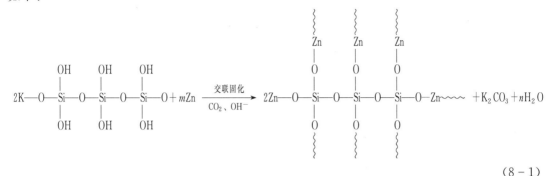

$$(8-1)$$

该聚合物即为涂膜中的无机相，是连续相。硅丙乳液形成的成膜物包裹着颜料，构成有机相，是不连续相。ECO-ZA涂层的结构是有机相呈层片状分散于无机相中。无机相和有机相相互贯穿，相互依托，形成两相立体交联的三维空间结构，其立体结构模型如图8-3所示。这种结构相界面间结合紧密，无孔隙存在，涂层耐蚀性能优异。

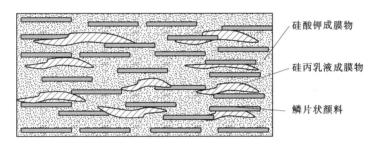

图8-3 ECO-ZA涂层立体结构模型

达克罗涂层的成膜机理一般认为：当对涂覆后的金属进行烘烤时，涂料中的Cr^{6+}大部分被还原，生成不溶于水的无定形$nCr_2O_3 \cdot mCrO_3$，其作为黏结剂与锌片相结合，形成膜层。同时铬酸分别与颜料和基体发生钝化作用，形成胶凝状铬酸盐钝化膜，烘干固化后使涂膜具有牢固结合力。可见，涂层固化时，需要烘烤，且有机还原剂和有毒的铬离子会少量排放到环境中，对人体构成伤害和造成环境污染。

由于ECO-ZA涂层和达克罗涂层的黏结剂不同，但颜料相同，它们的防腐机理存在一定的异同，比较结果见表8-4。从表8-4可看出，ECO-ZA涂层和达克罗涂层存在很多共同之处，具体表现为：①两者都以鳞片状锌粉和铝粉为颜料，可起到很好的阴极保护作用；②两种涂层中鳞片状颜料层状叠加产生迷宫效应，延缓基体的腐蚀；③当涂层表面有一定面积划伤时，颜料的腐蚀产物可以填充缝隙，阻止基体腐蚀，起到很好的修复作用。但两种涂层的屏蔽作用不相同，达克罗涂层是依靠铬盐与颜料和基体铁反应生成钝化膜，起到屏蔽作用，而ECO-ZA涂层较厚，其屏蔽作用好于达克罗涂层。

综上所述，自固化ECO-ZA系列水性锌基防腐涂料具有多种保护功能，耐蚀性高，具有高的抗划伤和自愈合能力；有优异的耐水、耐酸、耐高温性；以水为溶剂对环境无污染；涂层常温自固化，能耗低；不含有铬的黏结剂，对环境和人体无伤害，可以取代达克罗涂层的某些用途。由于该涂料安全环保、制备方法简便、能源消耗少、成本低，其突出的生态、节能特性及防腐、耐水、耐高温性能，将推动其广泛应用于大气、海洋环境中的风电机组、桥梁、船舶、储罐、输油管道等大型户外金属结构的表面防腐，应用前景良好。

表 8 - 4　ECO - ZA 涂层和达克罗涂层的防腐机理

测试项目	ECO - ZA 涂层	达克罗涂层
阴极保护作用	锌粉、铝粉	锌粉、铝粉
屏蔽作用	厚涂层	钝化膜
迷宫效应	鳞片状颜料叠加	鳞片状颜料叠加
自修复作用	颜料腐蚀产物	颜料腐蚀产物

8.2　耐蚀高强海洋工程用钢的研发

8.2.1　海洋工程用钢发展现状及趋势

海洋工程用钢主要是针对海洋工程装备所需的钢材品种。与陆地环境不同，海洋环境装备除要面对高低温、高压、高湿、氯盐腐蚀、微生物腐蚀以外，还要承受海风、海浪、洋流作用，面对台风、浮冰、地震等自然灾害。由于装备工作在苛刻的腐蚀性环境下，因此其不仅要具有高强度、高韧性、耐低温、抗疲劳、抗层状撕裂、易加工焊接等性能，还需要较高的耐大气和海水腐蚀及腐蚀开裂的性能。一般情况下，海洋工程用钢也是钢材品种中的精品，需要采用高精技术手段和工艺生产，对产品的可靠性和安全性要求较高。

海洋工程用钢可分为海洋平台用钢、海底油气管线用钢、油气储运舰船用钢和海洋能源设备用钢等，主要以低合金高性能结构钢为主。海上风电领域用钢主要涉及海洋平台结构钢，这类钢材品种与舰船用钢品种存在一定的互通性。2010—2011 年，我国海洋平台结构钢需求量已达到 100 万 t；预计未来 10 年，各国海洋平台总用钢量每年在 300 万 t 以上。目前，我国海洋平台用钢尚无具体的标准（主要借鉴 EN10225、API 等国外海洋平台标准及船舶标准），主要有 355MPa、420MPa、460MPa、500MPa、550MPa、620MPa、690MPa 等级别，供货状态为 TMCP（热机械轧制）、正火及调质态，采用高强钢（屈服强度不小于 500MPa），可减轻海洋工程结构重量，同时增加结构整体安全性。勿庸置疑，海洋的开发利用离不开高强钢的发展及应用，其中对海洋平台用高强钢的需求量将不断扩大，海洋平台用高强钢及其耐腐蚀性的研究和发展已成为广泛关注的焦点。

随着降低有害元素含量技术、低合金钢细晶技术、合金中纳米析出物控制技术、快速冷却 TMCP 等新技术的应用，高强钢性能不断提高，使其在海洋领域的应用逐渐加大。很多发达国家和地区高强钢的研发、生产及应用较早，标准及规格完善，耐腐蚀性、强度等性能及加工工艺处于世界领先地位。随着国家振兴海洋发展战略的实施，我国也在不断加大海洋平台用高强钢的研发、生产和应用水平，EH40 以下的海洋平台用高强钢实现了国产化，当前研究主要集中在 E690/F690 级别海洋用钢（组织大都为回火马氏体），舞阳钢铁有限责任公司研发的厚 215mm 的海洋平台用调质高强钢 A514GrQ 已顺利通过 ABS 船级社认证，新余钢铁公司亦生产出 E690 级海洋平台钢（板厚 115mm），南京钢铁股份有限公司也开发出 NDT 良好的 E690 钢。当前，我国海洋平台用高强钢的发展仍然面临诸多问题：高级别用高强钢的研发及生产能力不足；其强度及厚度不够高、规格不全；高性能钢对国外进口依赖过重；海洋用高强钢的标准不够完善，对耐蚀性方面的要求较少；高强钢加工、焊接、防护及耐腐蚀等技术应用方面存在不足；高强钢产品性能不够稳定等。这些问题制约了我国海洋工程的发展，因此对海洋平台用高强钢的研究及发展势在必行。如今，各国都在大力开发综合力学性能、工艺性能良好的新一代低合金海洋高强钢，主要有超低碳贝氏体钢，其主要特点是超细晶粒（尺寸 0.1～10μm）、超洁净度（S、P、O、N 和 H 等杂质元素含量小于 0.005%）、高均匀性（成分、组织和性能高度均匀，强调了组织均匀的主导地位），但多处于研发和试制阶段。

8.2.2 新型高强耐磨铸钢（NMZ1）

随着我国乃至全世界对海洋资源的不断探索和开发，高强钢以其不可替代的优良性能成为全世界研究的重点领域之一。为开发出适用于海洋深度开发的优质钢种，兼顾其强韧性、耐磨蚀性和可焊性要求，研究人员研制了低碳、高硅含量的新型高强耐磨铸钢（NMZ1）并优化了热处理工艺。尽管目前有关 Cr-Si-Mn-Mo 系无碳化物贝氏体钢的研究甚少，鉴于铬合金化所取得的防腐效果，它是一类可能兼具耐磨与耐蚀特性的优良材料，有望在石油管线、舰船、大型结构件及海洋设施等方面获得广泛的应用。因此，研究人员以易获得无碳化物贝氏体的 Cr-Si-Mn-Mo 系钢为基础，适当调节碳含量及其他合金元素含量，并加入一些抗腐蚀元素搭配以及稀土变质处理，开发了新型 NMZ1 耐磨钢。

新型 NMZ1 耐磨钢化学成分见表 8-5，其特点是含碳量低、硅含量高，主添加元素为 Cr、Si、Mn、Mo、Al、Ni 等。高 Si、Al 等非碳化物形成元素含量，以抑制碳化物析出，得到无碳化物贝氏体组织。铬作为主加元素，是因为其与铁能形成连续固溶体，在奥氏体中溶解度较大，强化基体，提高基体的强度和硬度。另外，铬在回火时能阻止或减缓碳化物的析出与集聚，使碳化物得到较大的分散度，也有利于韧性的提高。锰与钼可使贝氏体转变区与珠光体转变区分离，使钢在较大冷速范围内，稳定地得到贝氏体组织，并配合其他合金元素提高材料淬透性以及固溶强化基体，提高钢的力学性能。另外，Cr-Al、Mn-Nb、Ni-Mo-Cr 等元素复合添加对提高抗腐蚀性能有利。

表 8-5 NMZ1 钢的化学成分（质量分数）　　　　　　　　%

元素	C	Si	Cr	Mn	Mo	Ni	Nb	Al	Fe
含量	0.15	1.6	1.6	0.8	0.4	0.4	≤0.1	0.6	其余

图 8-4 为 NMZ1 耐磨钢经 1000℃奥氏体化、油淬至 350℃、保温 1.5h 后空冷所得到

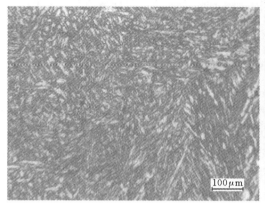

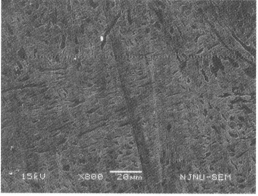

(a)金相显微组织	(b)SEM 图片

图 8-4　NMZ1 钢 1000℃奥氏体化保温后分级淬火的显微形貌

的室温金相组织和 SEM 图片。显微分析结果表明，高硅含量抑制了碳化物的析出，复合添加 Cr、Al、Mn、Ni、Fe 元素的低碳合金钢，经分级淬火处理后，室温组织为均匀细密的针状贝氏体和马氏体混合组织。机械性能试验结果表明，该低碳钢硬度、拉伸强度和冲击韧性均较高，综合机械性能良好（其硬度达到 37.5HRC，拉伸强度提高至 1000MPa，常温冲击韧性亦明显改善，是原始铸态的 3 倍）。其强韧化是钢中微合金化元素（Ni、Mo 等）通过细晶强化、析出强化和位错强化协调所致，由于合金元素添加量远小于其他海洋用钢，既降低成本又提高了焊接性。

NMZ1 钢耐冲击腐蚀磨损性能良好，当石英砂加水（石英砂粒度为 20 目，与水的体积比为 4∶3，调节 pH 值约为 3）介质中、正压力为 70N 时，磨程 12km 对应的磨损量为 0.81g，即磨损速度为 65mg/km。瑞典学者 Ann Sundström 等研究了在冲击磨损条件下几种低合金钢的磨损行为，其含碳量为 0.061%～0.2%，磨料为 12～20mm 大小的花岗岩，硬度 700HV 左右，冲击功约 0.1J，磨损时间 60min，换算成磨程为 1.357km，磨损量为 351～539mg，即磨损速度为 258～397mg/km。其中含碳量为 0.17% 的低合金钢与 NMZ1 钢碳含量相近，该钢种在该条件下的磨损量为 395mg，即磨损速度为 265mg/km。由此可见，NMZ1 钢在冲击腐蚀磨损方面耐磨性优势明显。

耐海水腐蚀性是评价海洋用钢性能的一个重要指标，因此选取航空母舰、大型浮动船坞等军事设施及海洋石油开采浮式生产系统、半潜式钻井平台建设常用钢材系泊链钢（22MnCrNiMo）作为对比材料，通过电化学方法研究了 NMZ1 钢在模拟海水（3.5% NaCl）溶液的电化学腐蚀行为。图 8-5 为 NMZ1 钢在 3.5%NaCl 溶液中浸泡不同时间后奈奎斯特图。研究结果表明，显微组织中存在的残余奥氏体与下贝氏体使得 NMZ1 钢在腐蚀初始阶段发生选择性腐蚀，腐蚀速率较大，腐蚀电流密度为 0.674mA/cm²，电荷迁移电阻值为 265Ω/cm²，NMZ1 钢耐蚀性不如系泊链钢。浸泡腐蚀 28 天后 NMZ1 钢腐蚀电流密度和电荷迁移电阻均与系泊链钢接近，表面锈层电阻达到 177.4Ω/cm²，腐蚀产物致密覆盖在试样表面，对基体具有保护作用，NMZ1 钢耐蚀性提高，与系泊链钢相近。由于 NMZ1 钢在长期海洋腐蚀条件下耐蚀性与系泊链钢相近，且 NMZ1 钢本身具有良好的耐磨性，故而在海洋工程领域具有广泛的应用前景。

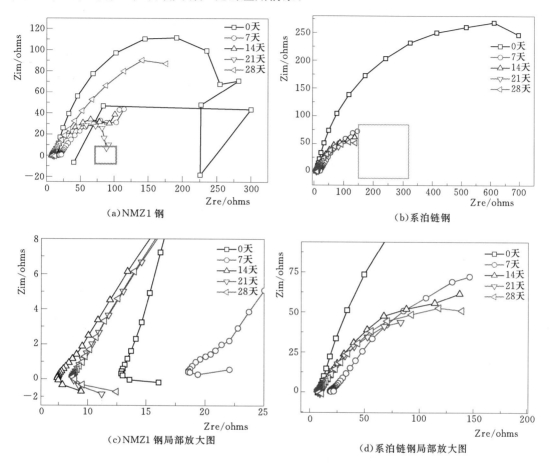

图 8 - 5　试样在 3.5wt‰ NaCl 溶液中浸泡不同时间后奈奎斯特图

8.3　海上风电场防腐的展望

　　对于海上风电场的防腐防护，不仅体现在防腐方案设计和防腐体系选择上，更重要的是实际防腐施工和防腐质量监控等方面。对于海上风电设施来说，如果防腐技术和问题没有得到很好的处理，一方面会由于腐蚀引起风电机组故障频发而影响机组的发电运转效率，另一方面可能造成风电机组发生大面积故障甚至被迫拆除。因此，在开发和利用海上风电的同时，应进一步加强和开展海上风电机组的腐蚀防护等关键性技术的研究，更好地促进海上风电防腐蚀技术的应用和发展，从而大力推动海上风电的建设和发展进程。

参 考 文 献

［1］　李红良，刘谦. 海洋防腐涂料的研究进展 ［J］. 宁波化工，2011 (2)：27 - 30.

［2］　张平，李家麟，安地. 锂水玻璃-苯丙乳液复合涂膜微结构的扫描电镜研究 ［J］. 涂料工业，

2001，2：38 - 40.

［3］　Liuyan Zhang，Aibin Ma，Jinghua Jiang，Dan Song，Jianqing Chen，Donghui Yang. Anti - corrosion performance of waterborne Zn - rich coating with modified silicon-based vehicle and lamellar Zn (Al) pigments ［J］. Progress in nature science：materials international，2012，22（4）：326 - 333.

［4］　张留艳，江静华，马爱斌，杨东辉. 硅丙乳液在鳞片状无机富锌涂料中的应用［J］. 腐蚀科学与防护技术，2010，22（2）：146 - 149.

［5］　赵金榜. 发展前景灿烂的重防腐涂料［J］. 上海涂料，2010，48（5）：23 - 25.

［6］　宋雪曙. 海洋采油平台重防腐涂料应用现状及发展［J］. 涂料技术与文摘，2010，31（11）：25 -30.

［7］　魏仁华. 国外防腐涂料研究进展［J］. 涂料技术与文摘，2008，29（9）：12 - 15.

［8］　黄微波. 喷涂聚脲弹性技术［M］. 北京：化学工业出版社，2005.

［9］　黄红雨，宋雪曙. 海洋工程重防腐涂料的应用技术现状及发展分析［J］. 涂料工业，2012，42（8）：77 - 80.

［10］　Ann Sundström，José Rendón，Mikael Olsson. Wear behaviour of some low alloyed steels under combined impact/abrasion contact conditions ［J］. Wear，2001，250：744 - 754.

［11］　王秋月，马爱斌，江静华，施军. 低碳高强耐磨铸钢 NMZ1 的热处理工艺研究［J］. 金属热处理，2009，34：70 - 73.

［12］　杨忠民. 我国海洋工程用钢发展现状［J］. 新材料产业，2013，11：17 - 19.

［13］　唐学生. 海洋工程用钢需求现状及前景分析［J］. 船舶物资与市场，2010（1）：10 - 12.

［14］　周祺，马爱斌，江静华，杨东辉，陈建清，卢富敏，邹中秋，曹晶晶. NMZ1 耐磨铸钢在 NaCl 溶液中的电化学腐蚀行为［J］. 腐蚀与防护，2011，32（9）：677 - 680.

［15］　Jinghua Jiang，Qiuyue Wang，Aibin Ma，Jun Shi，Liuyan Zhang，Donghui Yang，Fumin Lu，Qi Zhou. Heat treatment of novel low - carbon multi - alloyed anti - wear marine steel ［J］. Progress in Nature Science：Materials International，2011，21（2）：254 - 261.

［16］　詹耀. 海上风电设施的防腐技术及应用［J］. 上海涂料，2012，50（8）：22 - 27.

附录一　部分有关防腐的国际、国家、行业标准

标准号	标 准 名 称
ISO 8501	Preparation of steel substrates before application of paints and related production – Visual assessment of surface cleanliness 涂覆涂料前钢材表面处理　表面清洁度的目视评定
ISO 8502	Preparation of steel substrates before application of paints and related production – Tests for the assessment of surface cleanliness 涂覆涂料前钢材表面处理　表面清洁度评定试验
ISO 8503	Preparation of steel substrates before application of paints and related production – Surface roughness characteristics of blast – cleaned steel substrates 涂覆涂料前钢材表面处理　喷射清理的钢材表面粗糙度特性
ISO 8504	Preparation of steel substrates before application of paints and related production – Surface preparation methods 涂覆涂料前钢材表面处理　表面处理方法
ISO 11124	Preparation of steel substrates before application of paints and related production – Specifications for metallic blast – cleaning abrasives 涂覆涂料前钢材表面处理　喷射清理用金属磨料的技术要求
ISO 11125	Preparation of steel substrates before application of paints and related production – Test methods for metallic blast – cleaning abrasives 涂覆涂料前钢材表面处理　喷射清理用金属磨料的试验方法
ISO 11126	Preparation of steel substrates before application of paints and related production – Specifications for non – metallic blast – cleaning abrasives 涂覆涂料前钢材表面处理　喷射清理用非金属磨料的技术要求
ISO 11127	Preparation of steel substrates before application of paints and related production – Test methods for non – metallic blast – cleaning abrasives 涂覆涂料前钢材表面处理　喷射清理用非金属磨料的试验方法
ISO 12944	Paints and varnishes – Corrosion protection of steel structures by protective paint systems 色漆和清漆　防护漆体系对钢结构的腐蚀防护
ISO 20340	Paints and varnishes – Performance requirements for protective paint systems for offshore and related structures 色漆和清漆　用于近海建筑及相关结构的保护性涂料体系的性能要求
NORSOK M501—2004	Surface preparation and protective coating 表面处理和防护涂料
GB/T 1720—1979	涂膜附着力测定法
GB/T 1733—1993	漆膜耐水性测定法
GB/T 1771—2007	色漆和清漆　耐中性盐雾性能的测定
GB/T 1865—1997	色漆和清漆　人工气候老化和人工辐射暴露
GB/T 2705—2003	涂料产品分类、命名和型号
GB/T 5209—1985	色漆和清漆　耐水性的测定　浸水法
GB/T 5210—2006	色漆和清漆　拉开法附着力试验

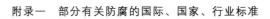

续表

标 准 号	标 准 名 称
GB/T 5370—1985	防污漆样板浅海浸泡试验方法
GB/T 6807—2001	钢铁工件涂装前磷化处理技术条件
GB/T 7790—2008	色漆和清漆 暴露在海水中的涂层耐阴极剥离性能的测定方法
GB/T 8642—2002	热喷涂 抗拉结合强度的测定
GB 8923—2008	涂覆前钢材处理 表面清洁度的目视测定
GB/T 9274—1988	色漆和清漆 耐液体介质的测定
GB/T 9264—1988	色漆流挂性的测定
GB/T 9276—1996	涂层自然气候曝露试验方法
GB/T 9286—1998	色漆和清漆 漆膜的划格试验
GB/T 11373—1989	热喷涂金属件表面预处理通则
GB/T 11374—1989	热喷涂层厚度的无损测量方法
GB/T 1345.2—2008	色漆和清漆 钢铁表面的丝状腐蚀试验
GB/T 14616—1993	机舱舱底涂料通用技术条件
GB/T 16168—1996	海洋结构物大气段用涂料加速试验方法
GJB 150.5—1986	涂层耐温度交变性能试验方法
GJB/T 1720—1993	异种金属的腐蚀与防护
GJB/T 5067—2001	防污涂料加速试验方法
JB/T 8427—96	钢结构腐蚀防护热喷涂锌铝及其合金涂层选择与应用导则
NB/T 31006—2011	海上风电场钢结构防腐蚀技术标准

ICS 27.180

F11

备案号：33242－2011

NB

中华人民共和国能源行业标准

NB/T 31006—2011

海上风电场钢结构防腐蚀技术标准

Technical code for anticorrosion of offshore wind farm steel structures

2011－08－06发布

2011－11－01实施

国家能源局 发 布

目　　次

前言 …………………………………………………………………………………… 136

1　范围 ………………………………………………………………………………… 136

2　规范性引用文件 …………………………………………………………………… 137

3　术语和定义 ………………………………………………………………………… 138

4　总则 ………………………………………………………………………………… 139

5　防腐蚀措施 ………………………………………………………………………… 140

6　防腐蚀要求 ………………………………………………………………………… 141

7　检测与验收 ………………………………………………………………………… 148

附录 A（资料性附录）　露点计算 …………………………………………………… 151

附录 B（资料性附录）　无涂层钢常用保护电流密度值和有涂层钢保护电流

　　密度计算 ……………………………………………………………………………… 152

附录 C（资料性附录）　阴极保护设计计算公式 …………………………………… 152

附录 D（资料性附录）　热喷涂涂层结合强度检测方法 …………………………… 155

前　　言

　　本标准是在充分考虑海上风电场钢结构的腐蚀特点，总结和吸收国外海上风电场以及国内海洋工程钢结构防腐蚀方面的科技成果和先进经验，参考国内外有关标准的基础上制定的。

　　本标准由国家能源局提出。

　　本标准由能源行业风电标准化技术委员会归口。

　　本标准起草单位：南京水利科学研究院、新源重工机械制造有限公司。

　　本标准主要起草人：朱锡昶、王政权、葛燕、李岩。

　　本标准在执行过程中的意见或建议反馈至中国电力企业联合会标准化管理中心（北京市白广路二条一号，100761）。

海上风电场钢结构防腐蚀技术标准

1　范围

　　本标准规定了海上风电场钢结构（主要包括风力发电机组及变电站的固定式钢质支撑结构）表面预处理及涂料保护、热喷涂金属保护、阴极保护常用防腐蚀方法和相关技术要求。

　　本标准适用于海上风电场钢结构的防腐蚀设计、施工、验收和运行维护。

2 规范性引用文件

下列文件对于本文件的应用是必不可少的。凡是注日期的引用文件，仅注日期的版本适用于本文件。凡是不注日期的引用文件，其最新版本（包括所有的修改单）适用于本文件。

GB/T 1740 漆膜耐湿热测定法

GB/T 1771 色漆和清漆 耐中性盐雾性能的测定

GB/T 1865 色漆和清漆 人工气候老化和人工辐射暴露 滤过的氙弧辐射

GB/T 4948 铝—锌—铟系合金牺牲阳极

GB/T 4949 铝—锌—铟系合金牺牲阳极 化学分析方法

GB/T 4950 锌—铝—镉合金牺牲阳极

GB/T 4951 锌—铝—镉合金牺牲阳极 化学分析方法

GB/T 4956 磁性基体上非磁性覆盖层 覆盖层厚度测量 磁性法

GB/T 5210 色漆和清漆 拉开法附着力试验

GB/T 6462 金属和氧化物覆盖层厚度测量 显微镜法

GB 6514 涂装作业安全规程 涂漆工艺安全及其通风净化

GB/T 7387 船用参比电极技术条件

GB/T 7388 船用辅助阳极技术条件

GB/T 7788 船舶及海洋工程阳极屏涂料通用技术条件

GB 8923 涂装前钢材表面锈蚀等级和除锈等级

GB/T 9274 色漆和清漆 耐液体介质的测定

GB/T 10610 产品几何技术规范（GPS）表面结构 轮廓法 评定表面结构的规则和方法

GB 11375 金属和其他无机覆盖层 热喷涂 操作安全

GB/T 12608 热喷涂 火焰和电弧喷涂用线材、棒材和芯材 分类和供货技术条件

GB 12942 涂装作业安全规程 有限空间作业安全技术要求

GB/T 13288 涂装前钢材表面粗糙度等级的评定（比较样块法）

GB/T 13748 镁及镁合金化学分析方法

GB/T 17731 镁合金牺牲阳极

GB/T 17848 牺牲阳极电化学性能试验方法

GB/T 17850.1 涂覆涂料前钢材表面处理 喷射清理用非金属磨料的技术要求 导则和分类

GB/T 18570.3 涂覆涂料前钢材表面处理 表面清洁度的评定试验 第3部分：涂覆涂料前钢材表面的灰尘评定（压敏粘带法）

GB/T 18570.6 涂覆涂料前钢材表面处理 表面清洁度的评定试验 第6部分：可溶性杂质的取样 Bresle法

GB/T 18570.10 涂覆涂料前钢材表面处理 表面清洁度的评定试验 第10部分：水溶性氯化物的现场滴定测定法

GB/T 18838.1　涂覆涂料前钢材表面处理　喷射清理用金属磨料的技术要求　导则和分类

GB/T 19824　热喷涂　热喷涂操作人员考核要求

ISO 16276—1　Corrosion protection of steel structures by protective paint systems—Assessment of，and acceptance criteria for，the adhesion/cohesion（fracture strength）of a coating—Part 1：pull‐off testing

3　术语和定义

下列术语和定义适用于本标准。

3.1

海上风电场　offshore wind farm

建造在海洋环境中的由一批风力发电机组或风力发电机组群组成的电站。

3.2

风力发电机组的支撑结构　support structure of wind turbine generator system

风力发电机机舱以下的整个结构为支撑结构，支撑结构包括塔架、下部结构和基础。与海床直接接触（包括海床上和海床下）的部分为基础，位于水面以上的通道平台底部作为塔架和下部结构的分界线。

3.3

设计使用年限　design working life

设计规定的结构或结构构件不需要进行大修即可按其预定目的使用的时期。

3.4

涂料保护　coating protection

在物体表面能形成具有保护、装饰或特殊功能（如绝缘、防腐、标志等）的固态涂膜的方法。

3.5

热喷涂金属保护　thermal spraying metal protection

利用热源将金属材料溶化、半熔化或软化，并以一定速度喷射到基体表面形成涂层的方法。

3.6

阴极保护　cathodic protection

通过阴极极化控制金属电化学腐蚀的技术。阴极保护有牺牲阳极法和强制电流法。

3.7

表面处理　surface preparation

为提高涂层与基体间结合力及防腐蚀效果，在涂装之前用机械方法或化学方法处理基体表面，以达到符合涂装要求的措施。

3.8

附着力　adhesion

漆膜与被涂面之间（通过物理和化学作用）结合的坚固程度。

3.9

封闭剂　coat sealant

用以渗入和封闭热喷涂金属涂层孔隙的材料。

3.10

火焰喷涂　flame spraying

利用可燃气体与助燃气体混合后燃烧的火焰为热源的热喷涂方法。

3.11

电弧喷涂　arc spraying；electric spraying

利用两根形成涂层材料的消耗性电极丝之间产生的电弧为热源，加入熔化消耗性电极丝，并被压缩气体将其雾化喷射到基体上，形成涂层的热喷涂方法。

3.12

最小局部厚度　minimum local thickness

在一个工件主要表面上所测得的热喷涂层各局部厚度中的最小值。

3.13

结合强度　adhesive strength

热喷涂金属涂层和基体之间结合的坚固程度。

3.14

强制电流　impressed current

又称外加电流，通过外部电源施加阴极保护电流。

3.15

牺牲阳极　sacrificial anode

通过自身腐蚀的增加而提供阴极保护电流的金属或合金。

3.16

阴极保护电流密度　cathodic protection current density

单位面积达到完全阴极保护时所需要的电流。

3.17

阴极保护电位　cathodic protection potential

阴极保护时，使腐蚀微电池作用被迫停止所需要的阴极电位。

3.18

参比电极　reference electrode

在同样的测量条件下自身电位稳定的，用以测量其他电极电位的电极。

4　总则

4.1　海上风电场钢结构应采取有效的防腐蚀措施。

4.2　海上风电场钢结构的暴露环境分为大气区、浪溅区、全浸区和内部区。

　　a）大气区为浪溅区以上暴露于阳光、风、水雾及雨中的支撑结构部分。

　　b）浪溅区为受潮汐、风和波浪（不包括大风暴）影响所致支撑结构干湿交替的部分。浪溅区上限 SZ_U 和下限 SZ_L 均以平均海平面计。浪溅区上限 SZ_U 可按式（1）计算，

浪溅区下限 SZ_L 可按式（2）计算。

$$SZ_U = U_1 + U_2 + U_3 \tag{1}$$

式中　U_1——0.6$H_{1/3}$，$H_{1/3}$ 为重现期 100 年有效波高的 1/3，m；

　　　　U_2——最高天文潮位，m；

　　　　U_3——基础沉降，m。

$$SZ_L = L_1 + L_2 \tag{2}$$

式中　L_1——0.4$H_{1/3}$，$H_{1/3}$ 为重现期 100 年有效波高的 1/3，m；

　　　　L_2——最低天文潮位，m。

　　c）浪溅区以下部分为全浸区，包括水中和海泥中两个部分。

　　d）内部区为封闭的不与外界海水接触的部分。

4.3　海上风电场钢结构在结构设计时应简洁，合理选用耐蚀材料。

4.4　海上风电场钢结构可采用但不限于增加腐蚀裕量、涂料保护、热喷涂金属涂层保护、阴极保护，以及阴极保护与涂层联合保护等防腐蚀措施。

4.5　防腐蚀系统的设计使用年限应考虑到风力发电机组的设计使用年限，一般不宜小于15 年。

4.6　检测用仪器、设备、量具应经计量认证并在检定有效期内。

4.7　对海上风电场钢结构的腐蚀状况及防腐蚀效果应定期进行巡视检查和定期检测。巡视检查周期宜为三个月，内容主要包括大气区、浪溅区涂层老化破坏状况及结构腐蚀状况、全浸区阴极保护电位；定期检测周期一般为 5 年，可根据巡视检查结果的腐蚀状况适当缩短检测周期。检测应查明结构腐蚀程度，评价防腐蚀系统效果，预估防腐蚀系统使用年限，提出处理措施和意见。

5　防腐蚀措施

5.1　大气区

5.1.1　大气区宜采取涂料保护或热喷涂金属保护。

5.1.2　大气区应采取以下措施减少需要保护的钢表面积，并易于涂层施工。

　　a）用管型构件代替其他形状的构件；

　　b）金属构件组合在一起时采用密封焊缝和环缝；

　　c）尽量避免配合面和搭接面。

5.1.3　设置涂层维修搭设脚手架用系缆环。

5.2　浪溅区

5.2.1　浪溅区应增加腐蚀裕量。

5.2.2　浪溅区宜采取热喷涂金属保护或涂料保护，或采取经实践证明防腐蚀效果优异的防腐蚀措施，如包覆耐蚀合金、硫化氯丁橡胶等。

5.3　全浸区

5.3.1　全浸区应采取阴极保护或阴极保护与涂料联合保护。

5.3.2　采用阴极保护与涂料联合保护时，海泥面以下 3m 可不采取涂料保护。

5.3.3　没有氧或氧含量低的密封的桩的内壁可不采取防腐蚀措施。

5.3.4 因结构复杂而无法保证阴极保护电连续性要求的钢结构应采取增加腐蚀裕量或其他措施。

5.4 内部区

5.4.1 内部区有海水时，与海水接触的部位宜采取阴极保护或阴极保护与涂料联合保护，水线附近和水线以上部位宜采取涂料保护。

5.4.2 内部区没有海水时，宜采取涂料保护措施。

5.4.3 内部区浇筑混凝土或填砂时，可不采取防腐蚀措施。

6　防腐蚀要求

6.1 腐蚀裕量

6.1.1 腐蚀裕量应根据工程所在地钢的腐蚀速度以及结构的维修周期和维修方式确定。

6.1.2 工程所在地无确切钢的腐蚀速度时，钢的单面平均腐蚀速度可按表1选取。

表 1　钢的单面平均腐蚀速度　　　　　　　　单位：mm/a

区　　域		平均腐蚀速度
大气区		0.05～0.10
浪溅区		0.40～0.50
全浸区	水下	0.12
	泥下	0.05
内部区		0.01～0.10

注1：表中平均腐蚀速度适用于 pH＝4～10 的环境条件，对有严重污染的环境，应适当加大。
注2：对年平均气温高、波浪大、流速大的环境，应适当加大。

6.2 表面处理

6.2.1 实施涂料保护和热喷涂金属保护前应进行表面处理。

6.2.2 表面处理内容包括预处理、除油、除盐分、除锈和除尘。

6.2.3 预处理要求为：

　　a）用刮刀或砂轮机除去焊接飞溅物，粗糙的焊缝需打磨至光滑；

　　b）锐边要用砂轮打磨成曲率半径大于 2mm 的圆角；

　　c）表面层叠、裂缝、夹杂物等需打磨处理，必要时进行补焊。

6.2.4 除油要求为：表面油污应采用清洁剂进行低压喷洗或软刷刷洗，并用洁净淡水冲洗掉所有残余物。也可采用火焰处理或碱液清洗，碱液清洗要用淡水冲洗至中性。小面积油污可采用溶剂擦洗。

6.2.5 除盐分要求为：除锈前钢材表面可溶性氯化物含量应不大于 $70mg/m^2$，超标时应采用高压洁净淡水冲洗。当钢材确定不接触氯离子环境时，可不进行表面可溶性盐分检测；当不能完全确定时，应进行首次检测。

6.2.6 除锈要求为：

a）应采用磨料喷射清理方法除锈，不便于喷射除锈的部位可采用手工或动力工具除锈。

　　b）除锈应在空气相对湿度不高于85％、钢材表面温度至少高于露点3℃的环境条件下作业。露点计算参见附录A。施工环境的温度和湿度应用温、湿度仪测量，每工班测量次数不得少于3次。

　　c）磨料要求为：

　　　　1）喷射清理用金属磨料应符合GB/T 18838.1的要求；

　　　　2）喷射清理用非金属磨料应符合GB/T 17850.1的要求；

　　　　3）根据表面粗糙度要求，选用合适粒度的磨料。

　　d）未涂覆过的钢材表面和清除原有涂层后的钢材表面处理等级要求为：

　　　　1）热喷涂铝表面处理等级应达到GB/T 8923规定的Sa3级；

　　　　2）热喷涂锌、无机富锌底漆处理等级应达到GB/T 8923规定的Sa2 1/2级～Sa3级；

　　　　3）环氧富锌底漆和环氧磷酸锌底漆处理等级应达到GB/T 8923规定的Sa2 1/2级；

　　　　4）手工和动力工具除锈，处理等级应达到GB/T 8923规定的St3级。

　　e）表面粗糙度要求为：

　　　　1）热喷涂锌和热喷涂铝，钢材表面粗糙度$Rz＝60～100\mu m$为宜；

　　　　2）无机富锌底漆，钢材表面粗糙度$Rz＝50～80\mu m$为宜；

　　　　3）其他防护涂层，钢材表面粗糙度$Rz＝30～75\mu m$为宜。

6.2.7 除尘：喷射处理完工后，使用真空吸尘器或无油、无水的压缩空气清理表面灰尘和残渣。清洁后的喷砂表面灰尘清洁度要求不大于GB/T 18570.3规定的3级。

6.2.8 表面处理后涂装时间的限定：涂料或锌、铝涂层宜在表面处理完成后4h内施工于准备涂装的表面；当所处环境的相对湿度不大于60％时可以适当延时，但最长不应超过12h。表面出现返锈现象应重新除锈。

6.3 涂料保护

6.3.1 涂料选择

6.3.1.1 大气区采用的面漆涂料应具有良好的耐候性。

6.3.1.2 浪溅区采用的涂料应具有良好的耐水性和抗冲刷性能。

6.3.1.3 全浸区采用的涂料应具有良好的耐水性和耐阴极剥离性能。

6.3.2 涂层配套

6.3.2.1 涂层配套推荐方案可按照表2选用。

表 2　涂 层 配 套 推 荐 方 案

环境区域	配套涂层	涂料类型	涂层道数	干膜厚度/μm	涂层系统干膜厚度/μm
大气区	底层	有机富锌、无机富锌	1～2	≥60	≥320
	中间层	环氧类	2～3	≥160	
	面层	聚氨酯类、丙烯酸类、氟树脂类	1～2	≥100	

环境区域	配套涂层	涂料类型	涂层道数	干膜厚度 /μm	涂层系统 干膜厚度 /μm
浪溅区	底层	有机富锌、无机富锌	1～2	≥60	≥560
	中间层和面层	环氧类	≥3	≥500	
全浸区	底层	有机富锌、无机富锌	1～2	≥60	≥460
	中间层和面层	环氧类	≥2	≥400	
内部区	底层	有机富锌、无机富锌	1～2	≥60	≥240
	中间层和面层	环氧类	2～3	≥180	

6.3.2.2 涂层（底层、中间层、面层）之间应具有良好的匹配性和层间附着力。后道涂层对前道涂层应无咬底现象，各道涂层之间应有相同或相近的热膨胀系数。

6.3.3 涂层体系性能

涂层体系性能应满足表 3 的要求。

表 3 涂 层 体 系 性 能 要 求

腐蚀环境	耐盐水试验 /h	耐湿热试验 /h	耐盐雾试验 /h	耐老化试验 /h	附着力 /MPa
内部区	—	—	1000	800	≥5[a]
大气区	—	4000	4000	4200	
浪溅区	4200	4000	4000	4200	
全浸区	4200	4000	—	—	

注1：耐盐水性能涂层试验后不生锈、不起泡、不开裂、不剥落，允许轻微变色和失光。
注2：人工加速老化性能涂层试验后不生锈、不起泡、不剥落、不开裂，允许轻度粉化和 3 级变色、3 级失光。
注3：耐盐雾性涂层试验后不起泡、不剥落、不生锈、不开裂。

a 无机富锌涂层体系附着力大于等于 3MPa。

6.3.4 涂装要求

6.3.4.1 涂装环境

a）相对湿度大于 85％及被涂基体表面温度低于露点 3℃时不得进行涂装作业。如涂料技术要求另有规定，则按规定要求施工。露点计算参见附录 A；

b）施工环境的温度和湿度应用温、湿度仪测量，每工班测量次数不得少于 3 次；

c）涂装作业应保证周围环境的清洁，避免未表干的涂层被灰尘等污染。

6.3.4.2 涂料配制和使用时间

a）涂料应充分搅拌均匀后方可施工，可采用电动或气动装置搅拌；对于双组分或多组分涂料应先将各组分分别搅拌均匀，再按比例配制后搅拌均匀；

b）混合好的涂料按产品技术要求规定的时间熟化；

c）涂料的使用时间按产品技术要求规定的适用期执行；

d）工作环境温度应高于 5℃。

6.3.4.3 涂覆工艺

a）大面积喷涂宜采用高压无气喷涂施工，细长、小面积以及复杂形状构件可采用空气喷涂或刷涂施工；

b）涂装工艺安全及其通风净化应符合 GB 6514 的有关规定；在有限空间内进行涂装作业时的安全防护应符合 GB 12942 的规定。

6.3.4.4 涂覆间隔时间

每道涂层的间隔时间应符合材料供应商的技术要求。超过最大重涂间隔时间时需进行拉毛处理后涂装。

6.3.5 现场涂层质量

6.3.5.1 外观

涂层表面应平整、均匀一致，无漏涂、起泡、裂纹、针孔和返锈等现象，允许轻微橘皮和局部轻微流挂。

6.3.5.2 厚度

施工中应随时检查湿膜厚度。干膜厚度应同时满足以下要求：

a）所有测点干膜厚度的平均值应不低于设计干膜厚度；

b）所有测点的干膜厚度应不低于设计干膜厚度的 80%；

c）80% 以上测点的干膜厚度应达到设计干膜厚度的要求；

d）如规定了最大干膜厚度，所有测点的干膜厚度应不大于规定的最大干膜厚度；如未规定最大干膜厚度，所有测点的干膜厚度不宜大于设计干膜厚度的 3 倍。

6.3.5.3 附着力

涂层附着力应满足设计文件的要求。

6.3.5.4 维修

运输、安装后，涂层破损处应采用原涂料、按原工艺进行修补。

6.4 热喷涂金属保护

6.4.1 热喷涂金属材料

6.4.1.1 热喷涂金属可选用锌、锌合金、铝和铝合金材料。

6.4.1.2 热喷涂金属材料应满足以下要求：

锌：符合 GB/T 12608 要求的 Zn99.99，锌的含量大于或等于 99.99%；

锌合金：符合 GB/T 12608 要求的 ZnAl15，锌的含量为 84%～86%，铝的含量为 14%～16%；

铝：符合 GB/T 12608 要求的 Al99.5，铝的含量大于或等于 99.5%；

铝合金：符合 GB/T 12608 要求的 AlMg5，镁的含量为 4.5%～5.5%。

6.4.1.3 喷涂用金属材料宜选用直径为 2.0mm 或 3.0mm 的线材，线材直径公差应满足 GB/T 12608 的要求。

6.4.1.4 热喷涂材料的力学性能、表面性能和可使用性应满足 GB/T 12608 的要求。

6.4.2 热喷涂涂层和涂层厚度

6.4.2.1 热喷涂涂层推荐最小局部厚度参见表 4。

表 4 热喷涂涂层最小局部厚度

环境区域	涂层类型	最小局部厚度 /μm
海洋大气区	喷锌	200
	喷铝	160
	喷 AlMg5	160
	喷 ZnAl15	160
浪溅区、水下区	喷锌	300
	喷铝	200
	喷 AlMg5	200
	喷 ZnAl15	300

6.4.2.2 热喷涂涂层表面宜进行封闭处理并涂装涂料。封闭剂和涂装涂料应与热喷涂涂层相容。

6.4.2.3 热喷涂涂层表面宜采用人工封闭的方法对热喷涂层进行封闭处理，若采用自然封闭，腐蚀所生成的氧化物、氢氧化物和（或）碱性盐在金属涂层的暴露环境中应不会溶解。

6.4.2.4 封闭剂宜使用黏度小、易渗透、成膜物中固体含量高，能够使热喷涂涂层表面发生磷化的活性涂料或其他合适的涂料。

6.4.2.5 热喷涂涂层表面的涂装涂料可按表 2 选择中间层和面层涂料。涂料涂层的厚度宜为 240～320μm。

6.4.3 施工要求

6.4.3.1 热喷涂工作环境温度应高于 5℃ 或基体表面温度至少高于露点 3℃。露点计算参见附录 A。施工环境的温度和湿度应用温、湿度仪测量，每工班测量次数不得少于 3 次。

6.4.3.2 热喷涂涂层厚度应均匀，两层或两层以上涂层应采用相互垂直、交叉的方法施工覆盖，单层厚度不宜超过 100μm。

6.4.3.3 热喷涂锌及锌合金可采用火焰喷涂或电弧喷涂，热喷涂铝及铝合金宜采用电弧喷涂。

6.4.3.4 热喷涂金属后应及时进行封闭或涂装，最长不宜超过 4h。

6.4.3.5 热喷涂操作人员应按 GB/T 19824 的规定进行考核，热喷涂的操作安全应满足 GB 11375 的要求。

6.4.3.6 热喷涂涂层表面涂料涂装的施工要求见 6.3.4。

6.4.3.7 运输、安装后，涂层破损处应按原工艺修补。条件不具备时，热喷涂锌和锌合金涂层可用富锌底漆修补，热喷涂铝和铝合金涂层可用铝粉底漆修补。涂料涂层采用同样涂料修补。

6.4.4 涂层质量

6.4.4.1 外观

热喷涂涂层表面应均匀一致，无气孔或基体裸露的斑点，没有附着不牢的金属熔融颗粒和影响涂层使用寿命的缺陷。

6.4.4.2　厚度

热喷涂涂层厚度应满足设计文件提出的最小局部厚度要求。

完成涂料涂装后应进行涂层（热喷涂涂层＋涂料涂层）总厚度检测，应满足设计文件要求。

6.4.4.3　结合强度

热喷涂涂层结合强度应满足设计文件要求。

6.5　阴极保护

6.5.1　一般要求

6.5.1.1　阴极保护分为强制电流法和牺牲阳极法。推荐采用牺牲阳极法。

6.5.1.2　阴极保护系统的设计使用年限可根据钢结构的使用年限或维修周期确定。

6.5.1.3　每个独立被保护构件应至少设置一个阴极测量点，宜处于方便到达和易于测量阴极保护电位的位置。测量点应采用耐海水不锈钢或紫铜棒制作。

6.5.1.4　使用强制电流阴极保护时，应尽量减少施工期内钢结构的腐蚀。可使用临时电源对强制电源系统尽早供电或使用短期的牺牲阳极系统。

6.5.1.5　强制电流阴极保护宜与涂料保护联合使用。牺牲阳极阴极保护可单独使用，也可与涂料联合使用。

6.5.1.6　阴极保护可能会导致高应力高强钢的氢脆开裂。高强结构钢构件采取阴极保护时，宜使用涂料或热喷涂金属联合保护以降低氢脆风险。

6.5.1.7　密封的内部区采用阴极保护时，应避免产生大量的危险气体。

6.5.1.8　应防止阴极保护系统引起的涂料涂层的阴极剥离。

6.5.1.9　采用阴极保护的钢结构必须确保每一个设计单元或整体具有良好的电连续性。保证电连续性可采用直接焊接、焊接钢筋或电缆连接，连接点面积应大于电连接用钢筋或电缆芯的截面面积，连接电阻不应大于 0.01Ω。

6.5.1.10　采用阴极保护的钢结构应与水中其他金属结构物电绝缘，无法电绝缘时应考虑其他金属结构对阴极保护系统的影响，同时应避免阴极保护对邻近结构物的干扰。

6.5.2　阴极保护参数

6.5.2.1　阴极保护电流密度

阴极保护设计时应确定钢结构初期极化需要的保护电流密度、维持极化需要的平均保护电流密度和末期极化需要的保护电流密度。保护电流密度可通过有关经验数据或试验确定，无法确定时，可参照附录 B 选取和计算。

6.5.2.2　阴极保护电位

阴极保护电位应符合表 5 的规定。

6.5.3　牺牲阳极系统

6.5.3.1　牺牲阳极材料

a）常用牺牲阳极材料有铝基、锌基和镁基合金。铝合金适用于海水和淡海水环境，锌合金适用于海水、淡海水和海泥环境，镁合金适用于电阻率较高的淡水和淡海水环境；

表 5　阴 极 保 护 电 位

环境、材质			保护电位相对于 Ag/AgCl/海水电极/V	
			最正值	最负值
碳钢和低合金钢	含氧环境		−0.80	−1.10
	缺氧环境（有硫酸盐还原菌腐蚀）		−0.90	−1.10
不锈钢	奥氏体	耐孔蚀指数≥40	−0.30	不限
		耐孔蚀指数＜40	−0.60	不限
	双相钢		−0.60	避免电位过负
	高强钢（$\sigma_s \geq 700$MPa）		−0.80	−0.95

注：强制电流阴极保护系统辅助阳极附近的阴极保护电位可以更负一些。

　　b）铝合金、锌合金、镁合金性能应分别符合 GB/T 4948、GB/T 4950、GB/T 17731 的要求。

6.5.3.2　牺牲阳极计算

牺牲阳极设计计算方法参见附录 C。

6.5.3.3　牺牲阳极布置

牺牲阳极的布置应使被保护钢结构的表面电位分布均匀，安装位置应满足下列要求。

　　a）牺牲阳极不应安装在钢结构的高应力和高疲劳区域；

　　b）牺牲阳极的顶高程应至少在最低水位以下 1.0m，底高程应至少高于泥面以上 1.0m。

6.5.3.4　牺牲阳极施工

　　a）牺牲阳极应通过铁芯与钢结构短路连接，铁芯结构应能保证在整个使用期与阳极体的电连接，并能承受自重和环境所施加的荷载；

　　b）连接方式宜采用焊接，也可采用电缆连接和机械连接；采用机械连接时，应确保牺牲阳极在使用期内与被保护钢结构之间的连接电阻不大于 0.01Ω；

　　c）采用焊接法连接时，焊接应牢固，焊缝饱满、无虚焊；牺牲阳极采用水下焊接施工时应由取得合格证书的水下电焊工进行；

　　d）当牺牲阳极紧贴钢表面安装时，阳极背面或钢表面应涂覆涂层或安装绝缘屏蔽层；

　　e）牺牲阳极的工作表面不得沾有油漆和油污。

6.5.4　强制电流系统

6.5.4.1　供电电源

　　a）供电电源应能满足长期不间断供电要求，供电不可靠时应配备备用电源或不间断供电设备；

　　b）电源设备应具有可靠性高、维护简便，输出电流和电压连续可调，并具有抗过载、防雷、抗干扰和故障保护等功能；

　　c）电源设备应置于通风良好、清洁的环境中，安装在户外时，应设置防尘、防水、防腐蚀的保护罩；

d）电源设备可选用整流器或恒电位仪；当输出电流变化较大时宜选用恒电位仪；

    e）电源设备功率计算方法参见附录 C。

6.5.4.2　辅助阳极

    a）辅助阳极材料可参照 GB/T 7388 选用，也可选用通过技术鉴定的新型辅助阳极；

    b）辅助阳极的规格应根据钢结构的结构形式以及辅助阳极允许的工作电流密度、输出电流和设计使用年限等进行设计；

    c）辅助阳极计算方法参见附录 C；

    d）辅助阳极应安装牢固，不得与被保护钢结构之间产生短路。

6.5.4.3　参比电极

    a）阴极保护用参比电极应具有极化小、稳定性好、不易损坏、使用寿命长和适用环境介质等特性。参比电极的技术条件应符合 GB/T 7387 的规定；

    b）采用恒电位控制时，每台电源设备应至少安装一个控制用参比电极；采用恒电流控制时，每台电源设备应至少安装一个测量用参比电极；

    c）参比电极应安装在钢结构表面距辅助阳极较近和较远的位置。

6.5.4.4　电缆

    a）所有电缆应适合使用环境，并应采取相应的保护措施以满足长期使用的要求；

    b）辅助阳极电缆和阴极电缆宜采用铜芯电缆，控制用参比电极的电缆应采用屏蔽电缆；

    c）电缆截面积根据电缆的允许压降和机械强度等因素确定；

    d）辅助阳极、参比电极和电缆的接头以及钢结构和电缆的接头应进行密封防水处理，电缆间的接头应进行密封防水处理并不宜处于水中；

    e）阴极电缆和测量电缆不得共用。

6.5.4.5　阳极屏蔽层

    为改善钢结构的电位分布可设置阳极屏蔽层，阳极屏蔽层性能应满足 GB/T 7788 的要求。

6.5.4.6　监控设备

    a）监控设备应能适应所处的环境。采用户外布置时，其保护性外壳应能抵御海水飞溅、盐雾、雨水、紫外线和海洋腐蚀介质的侵蚀，测量导线和仪器的连接点应绝缘密封。

    b）监控设备应具有测量并显示钢结构保护电位、电源设备的输出电流和输出电压等基本功能，有条件时，应采用具有远距离遥测、遥控和分析评估功能。

    c）监控设备应设有手动检测接线端子和备用参比电极接线端子。

7　检测与验收

7.1　表面处理

7.1.1　表面可溶性氯化物按 GB/T 18570.6 和 GB/T 18570.9 的规定进行抽样检测。

7.1.2　处理等级按 GB 8923 的规定进行，对所有表面进行检查。

7.1.3　粗糙度按 GB/T 13288 或 GB/T 10610 的规定进行，每 10m² 表面积检测一点，小于 10m² 的构件单独检测一点。

7.1.4 表面灰尘按 GB/T 18570.3 进行抽样检测。

7.2 涂料保护

7.2.1 实验室涂层体系性能检测

7.2.1.1 耐盐水性能试验按 GB/T 9274 的规定进行。

7.2.1.2 耐湿热性能试验按 GB/T 1740 的规定进行。

7.2.1.3 耐盐雾性能试验按 GB/T 1771 的规定进行。

7.2.1.4 耐老化性能试验按 GB/T 1865 的规定进行。

7.2.1.5 附着力试验按 GB/T 5210 的规定进行。

7.2.2 现场检测

7.2.2.1 对每道涂层的所有表面需目视检查涂层的外观。

7.2.2.2 涂层干膜厚度：

　　a）连续涂装的表面作为一个检测区域；

　　b）检测区域内的测点数量应满足表 6 的要求，在难以施工的区域应适当增加测点数量，测点位置应均匀分布在整个检测区域内；

　　c）如果某测点的干膜厚度不满足 6.3.5.2 第 2 条和第 4 条的要求，在距该测点 10mm 以内的地方重复测量一次，用第二次测量结果作为该测点的干膜厚度；

　　d）检测区域内允许的重复测量次数应满足表 6 的要求。

表 6 检测区域内的测点数量和重复测量次数要求

检测区域面积/长度 /(m² · m⁻¹)	最少测点数量 /个	检测区域内允许 重复测量的最大次数 /次
≤1	5	1
1～3	10	2
3～10	15	3
10～30	20	4
30～100	30	6
>100	每增加 100m² 或 100m 或一个构件，增加 10 个测点	最少测点数量的 20%

7.2.2.3 涂层附着力

　　a）如有需要可进行涂层附着力测量，按 ISO 16276—1 的规定进行；

　　b）附着力可在结构物上测量，也可在同条件下制作的试件上测量，需经各方协商同意；

　　c）在结构物上测量时，检测区域内有效测点数量应满足表 7 的要求；测点位置应具有代表性；

　　d）测量试件的尺寸至少为 100mm×100mm×10mm；试件数量应满足表 7 规定的测点数量要求；

　　e）附着力测量是破坏性的，在结构物上测量时，应对测量处进行涂层修复。

表 7　检测区域内有效测点数量

检测区域面积 /m²	最少有效测点数量
≤1000	每 250m² 3 个
>1000	12 个，每增加 1000m² 增加 1 个测点

7.3　热喷涂金属保护

7.3.1　热喷涂材料性能

为了评价一种热喷涂材料，可在供应商和用户间安排一次喷涂性能试验。

7.3.2　热喷涂涂层外观

对所有热喷涂涂层表面需进行目视外观检查，满足 6.4.4.1 要求。

7.3.3　热喷涂涂层厚度

7.3.3.1　涂层厚度宜采用磁性法测量。必要时可采用横截面显微镜法。磁性法按 GB/T 4956 的规定进行，横截面显微镜法按 GB/T 6462 的规定进行。

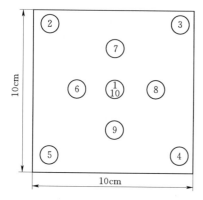

图 1　在 10cm² 基准面内测量点的分布

7.3.3.2　涂层有效面积在 1m² 以上时，应在一个面积为 10cm² 的基准面上测量 10 次，取其算术平均值为该基准面的局部厚度，测点分布见图 1；角钢、槽钢等杆形构件涂层有效面积在 1cm²～1m² 时，应在一个面积为 1cm² 的基准面上测量 3 次，取其算术平均值为该基准面的局部厚度。

7.3.3.3　为了确定热喷涂涂层的最小局部厚度，应在涂层厚度可能最薄的部位进行测量。

7.3.3.4　基准面数量的确定应使基准表面的总面积不小于有效表面面积的 5%，基准表面应均匀分布在整个有效表面上。

7.3.4　热喷涂涂层结合强度

热喷涂涂层结合强度可按照附录 D 进行定性检测，也可按照 ISO 16276—1 进行定量检测。

7.4　阴极保护

7.4.1　电连接

对阴极保护所有电连接点进行外观目视检查，抽样检测电连接电阻。

7.4.2　阴极保护电位

对每一个单元构件的阴极保护电位进行检测，检测点的分布应具有代表性。

7.4.3　牺牲阳极系统

7.4.3.1　牺牲阳极性能

a）铝合金、锌合金和镁合金牺牲阳极的化学成分可分别按 GB/T 4949、GB/T 4951 和 GB/T 13748 的规定进行；

b）锌合金、铝合金和镁合金牺牲阳极的电化学性能按 GB/T 17848 的规定进行；

c）牺牲阳极的接触电阻按 GB/T 4948 或 GB/T 4950 的规定进行；

d）铝合金、铝合金和镁合金牺牲阳极的表面质量、外形尺寸和重量分别按 GB/T 4948、GB/T 4950 和 GB/T 17731 的规定进行。

7.4.3.2　牺牲阳极施工

a）牺牲阳极在水上施工时，应对所有牺牲阳极的施工质量进行目视检查；

b）采用水下焊接法安装牺牲阳极时，应采用水下摄像或水下照相的方法检查焊缝长度、高度及连续性，检查数量应为总数的 5%～10%，且不少于 3 块。

7.4.4　强制电流系统

7.4.4.1　仪器设备的规格型号应采用目视检查，电源设备应逐件进行通电检查，监控仪器应采用经计量认证的仪表和校核过的参比电极进行逐件检查。

7.4.4.2　电缆的敷设线路和固定方式、参比电极的安装位置和固定方式采用目视方法进行检验。

7.4.4.3　所有电缆的规格应进行目视检查。

7.4.4.4　辅助阳极按照 GB/T 7388 选用时，按照其规定对辅助阳极进行检验。

附录 A
（资料性附录）
露 点 计 算

A.1　露点计算公式

在不同空气温度 t 和相对湿度 φ 下的露点值 t_d 按式（A.1）计算（当 $t \geqslant 0℃$ 时有效）。

$$t_d = 234.175 \times \frac{(234.175 + t)(\ln 0.01 + \ln \varphi) + 17.08085t}{234.175 \times 17.08085 - (234.175 + t)(\ln 0.01 + \ln \varphi)} \qquad (A.1)$$

A.2　露点计算表

表 A.1 给出了部分空气温度 t 和相对湿度 φ 下的露点计算值。

表 A.1　露 点 计 算 表

相对湿度 /%	空气温度/℃									
	0	5	10	15	20	25	30	35	40	45
95	−0.7	4.3	9.2	14.2	19.2	24.1	29.1	34.1	39.0	44.0
90	−1.4	3.5	8.4	13.4	18.3	23.2	28.2	33.1	38.0	43.0
85	−2.2	2.7	7.6	12.5	17.4	22.3	27.2	32.1	37.0	41.9
80	−3.0	1.9	6.7	11.6	16.4	21.3	26.2	31.0	35.9	40.7
75	−3.9	1.0	5.8	10.6	15.4	20.3	25.1	29.9	34.7	39.5
70	−4.8	0.0	4.8	9.6	14.4	19.1	23.9	28.7	33.5	38.2
65	−5.8	−1.0	3.7	8.5	13.2	18.0	22.7	27.4	32.1	36.9
60	−6.8	−2.1	2.6	7.3	12.0	16.7	21.4	26.1	30.7	35.4
55	−7.9	−3.3	1.4	6.1	10.7	15.3	20.0	24.6	29.2	33.8
50	−9.1	−4.5	0.1	4.7	9.3	13.9	18.4	23.0	27.6	32.1
45	−10.5	−5.9	−1.3	3.2	7.7	12.3	16.8	21.3	25.8	30.3
40	−11.9	−7.4	−2.9	1.5	6.0	10.5	14.9	19.4	23.8	28.2

相对湿度 /%	空气温度/℃									
	0	5	10	15	20	25	30	35	40	45
35	−13.6	−9.1	−4.7	−0.3	4.1	8.5	12.9	17.2	21.6	25.9
30	−15.4	−11.1	−6.7	−2.4	1.9	6.5	10.5	14.8	19.1	23.4

附录 B

（资料性附录）

无涂层钢常用保护电流密度值和有涂层钢保护电流密度计算

B.1　无涂层钢常用保护电流密度值

无涂层钢常用保护电流密度值见表 B.1。

表 B.1　无涂层钢常用保护电流密度参考值

环境介质	保护电流密度 /(mA·m^{-2})		
	初期值	维持值	末期值
海水	150～180	60～80	80～100
海泥	25	20	20
海水混凝土或水泥砂浆包覆	10～25		

B.2　有涂层钢保护电流密度

有涂层钢保护电流密度可按式（B.1）计算。

$$i_c = i_b f_c \tag{B.1}$$

式中　i_c——有涂层钢的保护电流密度，mA/m^2；

　　　i_b——无涂层钢的保护电流密度，mA/m^2；

　　　f_c——涂层的破损系数，$0 < f_c \leqslant 1$。

常规涂料初期涂层破损系数为：水中 1%～2%，泥中 25%～50%。涂层破损速率为每年增加 1%～3%。

附录 C

（资料性附录）

阴极保护设计计算公式

C.1　牺牲阳极设计计算

C.1.1　牺牲阳极输出电流可按式（C.1）计算。

$$I_a = \frac{\Delta U}{R} \tag{C.1}$$

式中　I_a——牺牲阳极的输出电流，A；

　　　ΔU——牺牲阳极的驱动电压，V；

　　　R——回路总电阻，Ω。一般情况下其值近似等于牺牲阳极的接水电阻，可按附录 C.3 计算。

C.1.2 牺牲阳极数量可按式（C.2）计算。

$$N = \frac{I}{I_a} \tag{C.2}$$

式中 N——牺牲阳极的数量；

I——金属结构的保护电流，A；

I_a——单只牺牲阳极的输出电流，A。

C.1.3 牺牲阳极总的净质量可按式（C.3）计算。

$$m = \frac{8760 I_m t K}{q} \tag{C.3}$$

式中 m——牺牲阳极总的净质量，kg；

I_m——金属结构的平均保护电流，A；

t——牺牲阳极的设计使用年限，a；

q——牺牲阳极的实际电容量，$(A \cdot h)/kg$；

K——安全系数，一般取 $1.1 \sim 1.2$。

C.1.4 牺牲阳极寿命可按式（C.4）计算。

$$t = \frac{m_i f}{E_g I_a'} \tag{C.4}$$

式中 t——牺牲阳极的寿命，a；

m_i——单只牺牲阳极的净质量，kg；

E_g——牺牲阳极的消耗率，$kg/(A \cdot a)$；

I_a'——牺牲阳极在使用年限内的平均输出电流，A；

f——牺牲阳极的利用系数，可采用下列数值：

长条状牺牲阳极：$0.90 \sim 0.95$；

手镯式牺牲阳极：$0.75 \sim 0.80$；

其他形状的牺牲阳极：$0.75 \sim 0.90$。

C.2 强制电流设计计算

C.2.1 电源设备功率可按式（C.5）计算。电源设备的输出电压可按式（C.6）计算。

$$P = \frac{IU}{\eta} \tag{C.5}$$

$$U = I(R_a + R_L + R_C) \tag{C.6}$$

式中 P——电源设备的输出功率，W；

I——电源设备的输出电流，A；

U——电源设备的输出电压，V；

η——电源设备的效率，一般取 0.7；

R_a——辅助阳极的接水电阻，Ω，可按附录 C.3 计算；

R_L——导线电阻，Ω；

R_C——阴极过渡电阻，Ω。

C.2.2 辅助阳极数量可按式（C.7）计算。

$$N = \frac{I}{I_a} \tag{C.7}$$

式中 N——辅助阳极的数量；

　　I——金属结构的保护电流，A；

　　I_a——单只辅助阳极的输出电流，A。

C.2.3 辅助阳极总的净质量可按式（C.8）计算。

$$m = KEI_m t \tag{C.8}$$

式中 m——辅助阳极总的净质量，kg；

　　K——安全系数，一般取 1.1～1.5；

　　E——辅助阳极的消耗率，kg/(A·a)；

　　I_m——金属结构的平均保护电流，A；

　　t——辅助阳极的使用年限，a。

C.3 阳极接水电阻

C.3.1 长条阳极

　　若 $L \geq 4r$，长条阳极接水电阻可按式（C.9）计算。

$$R_a = \frac{\rho}{2\pi L}\left[\ln\left(\frac{4L}{r}\right) - 1\right] \tag{C.9}$$

　　若 $L < 4r$，长条阳极接水电阻可按式（C.10）计算。

$$R_a = \frac{\rho}{2\pi L}\left\{\ln\left[\frac{2L}{r}\left(1 + \sqrt{1 + \left(\frac{r}{2L}\right)^2}\right)\right] + \frac{r}{2L} - \sqrt{1 + \left(\frac{r}{2L}\right)^2}\right\} \tag{C.10}$$

式中 R_a——阳极接水电阻，Ω；

　　ρ——介质电阻率，Ω·cm；

　　L——阳极长度，cm；

　　r——阳极等效半径，cm，对非圆柱状阳极，$r = \frac{c}{2\pi}$，c 为阳极截面周长，cm。

C.3.2 板状阳极接水电阻可按式（C.11）计算。

$$R_a = \frac{\rho}{2S} \tag{C.11}$$

式中 R_a、ρ——同 C.3.1；

　　S——阳极长度和宽度的算术平均值，cm。

C.3.3 其他形状阳极接水电阻可按式（C.12）计算。

$$R_a = 0.315 \times \frac{\rho}{\sqrt{A}} \tag{C.12}$$

式中 R_a、ρ——同 C.3.1；

　　A——阳极的暴露面积，cm²。

C.4 阳极屏蔽层

C.4.1 圆形阳极屏蔽层的直径可按式（C.13）计算。

$$D = I_a \rho / [\pi(E_0 - E)] \tag{C.13}$$

式中 D——阳极屏蔽层的直径，m；

　　I_a——阳极的输出电流，A；

　　ρ——介质电阻率，Ω·m；

E_0——结构物的保护电位，V；

E——距阳极中心为 $D/2$ 处的结构物的电位，V，它取决于涂层的耐阴极电位值。

C.4.2 长条阳极屏蔽层边缘距长度为 L 的阳极边缘的最短距离可按式（C.14）计算。

$$D_e = 2L/\exp[1+\pi L(E_0-E)/(\rho I_a)] \qquad (C.14)$$

式中 D_e——阳极屏蔽层边缘距长度为 L 的阳极边缘的最短距离，m；

L——阳极长度，m；

E_0——结构物的保护电位，V；

E——距阳极边缘为 D_e 处的结构物的电位，V，它取决于涂层的耐阴极电位值；

I_a、ρ——同 C.4.1。

附录 D

（资料性附录）

热喷涂涂层结合强度检测方法

D.1 原理

将涂层切断至基体，使之形成具有给定尺寸的方形格子，涂层不应产生剥离。

D.2 装置

具有硬质刃口的切割工具，其形状如图 D.1 所示。

D.3 操作

作用图 D.1 规定的刀具，切出表 D.1 中规定的格子尺寸。

切痕深度，要求应将涂层切断至基体金属。

切割成格子后，采用供需双方协商认可的一种合适粘胶带，借助于一个辊子施以 5N 的载荷将粘胶带压紧在这部分涂层上，然后沿垂直涂层表面方向快速将粘胶带拉开。

如不能使用此法，则测量涂层结合强度的方法应取得供需双方同意。

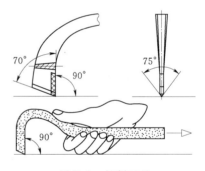

图 D.1 切割工具

表 D.1 格 子 尺 寸

覆盖格子的近似表面 /mm×mm	涂层厚度 /μm	划痕之间的距离 /mm
15×15	≤200	3
25×25	>200	5

D.4 检测结果

无涂层从基体上剥离或每个方格子的一部分涂层仍然粘附在基体上，并损坏发生在涂层的层间而不是发生在涂层与基体界面处，则认为合格。

本书编辑出版人员名单

责任编辑　殷海军　李　莉

封面设计　李　菲

版式设计　黄云燕

责任校对　张　莉　黄　梅

责任印制　崔志强　王　凌